U0160629

纳米粒子和钢纤维增强混凝土
耐久性与抗冲击性能研究

张　鹏　著

黄河水利出版社

·郑州·

内 容 提 要

本书对纳米粒子和钢纤维增强混凝土的配合比设计进行了详细的阐述，系统地研究了纳米 SiO_2 和钢纤维增强混凝土的拌和物工作性、强度特性、抗渗性能、抗冻融性能、抗碳化性能、抗裂性能、抗氯离子渗透性能和抗冲击性能，详细分析了纳米 SiO_2 和钢纤维对高性能混凝土工作性、强度特性、耐久性和抗冲击性能影响的作用机制及规律。

本书可供从事土木、水利及交通运输工程的研究人员及工程技术人员查阅参考，也可作为有关专业研究生的学习参考书。

图书在版编目(CIP)数据

纳米粒子和钢纤维增强混凝土耐久性与抗冲击性能研究/张鹏著. —郑州:黄河水利出版社,2021.12
ISBN 978-7-5509-3119-0

Ⅰ.①纳… Ⅱ.①张… Ⅲ.①纳米材料-应用-混凝土-研究②钢纤维混凝土-研究 Ⅳ.①TU528

中国版本图书馆 CIP 数据核字(2021)第 202300 号

出 版 社:黄河水利出版社 网址:www.yrcp.com
  地址:河南省郑州市顺河路黄委会综合楼 14 层 邮政编码:450003
发行单位:黄河水利出版社
  发行部电话:0371-66026940、66020550、66028024、66022620(传真)
  E-mail:hhslcbs@126.com
承印单位:河南匠之心印刷有限公司
开本:890 mm×1 240 mm 1/32
印张:4.875
字数:122 千字 印数:1 000
版次:2021 年 12 月第 1 版 印次:2021 年 12 月第 1 次印刷
定价:38.00 元

前　言

　　随着世界各国城市化进程的发展,水泥混凝土在现代化的城市建设中成为用量最大、应用范围最广的水泥基建筑材料。长期以来,混凝土材料以其强度高、可塑性好被广泛使用。但随着社会的发展,各类工程对混凝土的耐久性及抗冲击性能提出了更高的要求。混凝土建筑因材料老化、化学侵蚀、冻融破坏、冲击破坏等原因未达到设计使用年限而导致开裂、破坏、倒塌的事故时有发生,给人民群众生命财产造成了巨大损失,并带来了不良的社会影响。传统混凝土存在自重大、抗拉强度低、韧性差、脆性大、可靠性低和开裂后裂缝宽度难以控制等缺陷,使得许多结构在使用过程中甚至是建设过程中就出现了许多不同程度、不同形式的裂缝。

　　为了弥补水泥混凝土的上述缺点,最有效的方法是在其中添加均匀分布的、密集的、长径比适宜的高模量纤维。在诸多混凝土用纤维材料中,钢纤维是其中应用最广泛的纤维材料之一。钢纤维在混凝土中可起到"桥梁纽带"的作用,限制外力作用下水泥基料中裂缝的扩展。在受荷(拉、弯)初期,混凝土基体与钢纤维共同承受外力,阻止微观裂缝的扩展和宏观裂缝的发生。当混凝土基体发生开裂后,横跨裂缝的纤维成为外力的主要承受者,阻止宏观裂缝的进一步发展。钢纤维的加入可极大提高水泥混凝土的抗弯拉性能,解决混凝土易脆的缺点,同时也可提高混凝土的耐久性和抗冲击性能。此外,纳米材料作为发展迅速的新兴材料,由纳米级粒径的细微颗粒组成,其自身具有良好的填充效应、活性效应、微集料效应,在混凝土中掺入纳米 SiO_2,可以填充孔隙,增加混凝土的密实性,提高混凝土早期强度,改善混凝土内部微观结构,进而提升混凝土的力学性能、耐久性和抗冲击性能。与普通混凝土和普通高性能混凝土相比,纳米高性能混凝土具有更好的耐久性,纳米材料可提高混凝土早期强度,提高混凝土的疲劳寿命,并对混凝土构件能起到减振作用。随着掺纳米粒子混凝土研究的深入和纳米材料制造成本的降低,掺纳米材料混凝土将是未来结构工程中应用潜力极大的一种新型高性能混凝土。

由此可见,在普通混凝土中同时掺加纳米 SiO_2 和钢纤维可配制出既具有良好力学性能,又具有较高耐久性和抗冲击性能的混凝土。随着纳米增强混凝土和纤维混凝土研究的深入及纳米材料制造成本的降低,掺纳米粒子和钢纤维混凝土将是未来结构工程中应用潜力极大的一种新型高性能混凝土。目前,国内外针对纳米混凝土和钢纤维增强混凝土进行了大量的研究工作,而对混掺纳米粒子和钢纤维增强混凝土耐久性和抗冲击性能研究资料国内外报道较少。为了弥补当前研究的不足,本书在大量试验成果基础上,较为深入地研究了纳米 SiO_2 和钢纤维增强混凝土的拌和物工作性、强度特性、抗渗性能、抗冻融性能、抗碳化性能、抗裂性能、抗氯离子渗透性能和抗冲击性能,详细分析了纳米 SiO_2 和钢纤维对高性能混凝土工作性、强度特性、耐久性和抗冲击性能影响的作用机制及规律,以期为该新型混凝土材料在我国土木、水利及交通运输工程中的推广应用提供参考。

本书共分十一章,主要内容包括分析了纳米 SiO_2 和钢纤维增强混凝土的配制原理,探讨了纳米 SiO_2 和钢纤维增强混凝土的配合比设计方法,通过坍落度和扩展度试验,分析了纳米 SiO_2 和钢纤维对混凝土工作性能的影响;通过立方体抗压强度试验、抗折强度试验和劈裂抗拉强度试验揭示了纳米 SiO_2 和钢纤维对混凝土强度特性的影响,得出了纳米 SiO_2 和钢纤维对混凝土各种强度影响的规律;通过抗渗性试验、冻融循环试验、碳化试验、抗裂性试验、抗氯离子渗透性能试验揭示了纳米 SiO_2 和钢纤维对混凝土各种耐久性的影响,得出了纳米 SiO_2 和钢纤维对混凝土各种耐久性评价指标影响的规律;通过落锤冲击试验探明了纳米 SiO_2 和钢纤维对混凝土抗冲击性能的影响,并得出了相应的影响规律。

　　本书研究的相关试验得到了河南省水利工程安全技术重点实验室、河南省工程材料与水工结构重点实验室等单位的大力支持和帮助,本书在研究和编写过程中还得到了国家自然科学基金、河南省高校科技创新团队支持计划、河南省杰出青年科学基金等资金支持,许多同志参与了本书的试验和研究工作。另外,本书编写过程中还引用了大量的文献资料。在此,谨向提供支持和帮助的单位、参考文献的原作者、各种基金资助及所有试验人员表示衷心的感谢!

　　由于作者水平有限,本书尚有不妥之处,敬请各界读者朋友批评指正。

作者
2021 年 8 月于郑州

目　录

第 1 章 绪 论

1.1 研究的背景及意义

1824 年,英国人约瑟夫·阿斯普丁发明了波兰特水泥,自此开始了现代的水泥混凝土工业。随着世界各国城市化进程的发展,水泥混凝土也经过长时间的发展,在现代化的城市建设中成为用量最大、应用范围最广的建筑材料。《中国混凝土和水泥制品协会》数据显示,2018 年 1~8 月商品混凝土产量 115 928.9 万 m³,同比增长 12.4%。相对于发达国家,中国城市化开始较晚,截至 2017 年,中国城市化率达到 58.52%。对比发达国家超过 70% 的城市化率,中国的城市化还需要一个长期的过程。因此,水泥混凝土作为一种良好的建筑材料,在长期的城市化过程中仍会有大量的需求,依然会发挥巨大的作用[1]。

混凝土材料以其强度高、可塑性好被广泛使用,但随着社会的发展,各类工程对混凝土的耐久性及抗冲击性能提出了更高的要求。混凝土建筑因材料老化、化学侵蚀、冻融破坏、冲击破坏等原因未达到设计使用年限而发生开裂、破坏、倒塌的事故时有发生[2],给人民群众生命财产造成了巨大损失,并带来了不良的社会影响。房屋建筑设计使用年限一般为 50 年,轨道交通、大跨度桥梁一般为百年工程,港口海岸工程要承受盐碱腐蚀,桥面铺装用混凝土要承受车辆荷载、风载等荷载的冲击作用,这些都对混凝土的耐久性能及抗冲击性提出了更高的要求。

普通水泥混凝土是由水泥、砂、石等用水混合凝结成整体的工程复合材料,其本身是多孔结构,该特点也成为限制其耐久性和强度的主要原因。纳米材料作为发展迅速的新兴材料,由纳米级粒径的细微颗粒组成,其自身具有良好的填充效应、活性效应、微集料效应,在混凝土中掺入纳米 SiO_2,可以填充孔隙,增加混凝土的密实性,提高混凝土早期强度,改善混凝土内部微观结构,进而提升混凝土的力学性能、耐久性能和抗冲击性能。

　　钢纤维在混凝土中可起到"桥梁纽带"的作用,限制外力作用下水泥基料中裂缝的扩展。在受荷(拉、弯)初期,混凝土基体与钢纤维共同承受外力,阻止微观裂缝的扩展和宏观裂缝的发生;当基料发生开裂后,横跨裂缝的纤维成为外力的主要承受者,阻止宏观裂缝的进一步发展。纤维材料的加入极大地提高了水泥混凝土的抗弯拉性能,解决了混凝土易脆的缺点,同时也提高了混凝土耐久性能和抗冲击性能。

　　由此可见,在普通混凝土中同时掺加钢纤维和纳米 SiO_2 可望配制出既具有良好力学性能,又具有较高耐久性和抗冲击性的混凝土。因此,本书拟通过抗压强度试验、劈裂抗拉强度试验、抗折强度试验、抗渗性试验、抗冻性试验、抗碳化性能试验、抗裂性能试验、抗氯离子渗透试验及抗冲击试验,研究纳米 SiO_2 和钢纤维对普通混凝土性能的影响,并揭示纳米材料和钢纤维掺量对混凝土基本力学性能、耐久性、抗冲击性能影响的规律,使纳米粒子和钢纤维增强混凝土能够得到更好的应用。

1.2　纳米混凝土的增强机制及国内外研究现状

1.2.1　纳米混凝土的增强机制

　　纳米材料[3]是指在三维空间中至少有一维几何尺寸介于原

子和宏观物体界面的材料,其尺寸一般为 1~100 nm,由于其材料尺寸的特殊性[4],其既不属于宏观系统,又不属于严格的微观系统,其尺寸处于原子簇和宏观物体交界的过渡区域,它具有尺寸效应、表面效应、体积效应和宏观量子隧道效应,这就使纳米材料和纳米结构表现出特殊的物理、化学特性[5,6]。

(1)尺寸效应。纳米材料的尺寸小到一定程度时,晶体周期性的边界条件将被破坏,非晶体纳米粒子的颗粒表面层附近的原子密度减小,导致声、光、电、磁、热、力学等特性呈现新的物理性质。

(2)表面效应。纳米粒子表面原子数与总原子数之比随着粒径变小而表面急剧增大后引起性质上的变化,随着晶粒尺寸的减小,其原子百分数迅速增大,纳米粒子的表面积也迅速增大,使其在吸附、催化、化学反应等方面具有普通材料无法比拟的优越性。

(3)宏观量子隧道效应。微观粒子的总能量小于势垒高度时,该粒子仍能穿越这一势垒。人们发现量子相干器件中的磁通量、微粒的磁化强度及电荷等都具有隧道效应,它们可以穿越宏观系统的势垒而发生变化。

混凝土本身作为一种由多种原材料按照严格配合比混合而成的建筑材料,其本质上也是一种复合材料,多种材料的混合必然表现出不均匀性,同时各种材料的界面交界处必然出现界面区分,不均匀性和界面区分导致的混凝土部分位置薄弱最终导致混凝土破坏[7]。纳米材料的发展为混凝土带来了更大的发展,纳米材料相对于普通混凝土中其他材料具有更特殊的性能,掺入混凝土中展现了优良的增强作用,其增强机制主要表现在以下几个方面[8]:

(1)微集料填充效应。由于纳米粒子的尺寸小于混凝土中其他掺和料的粒径,所以纳米粒子的加入可以填充混凝土内部的空隙,提高混凝土的密实度。

(2)火山灰效应。由于纳米粒子的高火山灰活性,将其掺入混凝土中后易于与氢氧化钙发生水化反应,生成水化硅酸钙凝胶 C-S-H,并同时诱导 C-S-H 朝着针柱状的方向生长,从而改善了基体的界面结构,降低了混凝土固有的结构缺陷。

（3）晶核效应。纳米粒子表面较高的活性,可以吸附硅酸三钙水化时释放出的钙离子,降低氢氧化钙晶体在界面处的富集和定向排列,增加 C-S-H 在界面处的含量,从而提高水泥硬化浆体的强度和韧性。

（4）钉扎效应。掺入纳米材料的混凝土还会产生钉扎效应,当混凝土内部出现微观裂缝时,其扩展将受到纳米粒子的反射、阻碍而消耗能量,从而阻止裂缝的进一步发展,起到阻裂增韧的效果。

1.2.2　纳米混凝土国内外研究现状

纳米 SiO_2 的粒径一般为 20～40 nm,通常呈现白色粉末状,由于其尺寸特殊而具有多种优良的性质,在各个领域广泛应用,具有广阔的应用前景和巨大的商业价值。纳米 SiO_2 是应用较早的纳米材料之一,国内外专家学者将纳米 SiO_2 加入混凝土中制备出纳米混凝土,研究了纳米 SiO_2 对混凝土各种性质的影响规律,改善机制。

Nazari[9]等的研究表明,在普通混凝土中加入纳米 SiO_2 能够改善混凝土的孔隙分布,增加其密实度,同时提高了 C-S-H 凝胶的形成及数量,增强混凝土的抗压强度和劈裂抗拉强度。

季韬等[10]对纳米混凝土的力学性能做了初步研究,试验结果表明,掺 0.5%纳米 SiO_2 的粉煤灰混凝土的抗压强度和抗折强度有一定提高,尤其是混凝土的抗折强度提高比较明显。

卢中远等[11]做了关于纳米 SiO_2 对水泥水化作用等方面的研究,结果表明:在混凝土掺入纳米 SiO_2 降低了水泥石 $Ca(OH)_2$ 的总含量,增加了水泥石中化学结合水的含量,水泥水化过程中的放热量增加。

徐晶、王彬彬等[12]从微观(纳米压痕对界面过渡区惊醒模量值分布分析)和宏观(静弹性模量、抗压强度、抗折强度)尺度方面研究了纳米 SiO_2 对混凝土性能的影响,结果表明:掺入纳米 SiO_2 后混凝土的早期强度、水泥净浆强度和弹性模量都有所提高,尤其是混凝土强度提高明显。

杜应吉[13]开展了纳米 SiO_2 混凝土的耐久性能试验研究,结果表明:当掺入 1%~3% 的纳米 SiO_2 时,混凝土的抗渗等级提高30%,抗冻等级提高 50%。

刘丹等[14]在活性粉末混凝土(RPC)中加入纳米 SiO_2,发现纳米 SiO_2 掺量在 0.5%~1% 时可以提高 RPC 的劈拉强度、抗压强度和抗拉强度。基于电镜扫描测试,从微观角度分析了相关机制,发现纳米 SiO_2 使水泥基体水化反应更加充分,并且改善了界面结构,降低了水泥浆体的结构缺陷。季韬也得到了同样的结论,纳米 SiO_2 对提高混凝土 7 d、28 d 强度效果明显。季韬认为纳米 SiO_2 加快了水泥水化反应进程,水化铝酸钙(C-A-H)与石膏反应消耗大量的自由水生成硫铝酸钙晶体,晶体继续变大,自由水减少,剩余空间被钙矾石填充,使各物质浓度激增,促进晶体析出,导致混凝土更加密实。

Cuneyisi 等[15]研究了纳米 SiO_2 对自密实混凝土性能的影响,发现纳米 SiO_2 在改善新拌水泥浆体的黏聚性,避免浆体发生分层、离析的同时,也改善了硬化水泥浆体的力学性能与耐久性能。

曹方良[8]开展了纳米粒子对超高性能混凝土(UHPC)的性能影响,研究表明:掺入纳米 SiO_2 提高了 UHPC 的抗压强度和抗折强度,纳米 SiO_2 的最佳掺量在 0.5%~1%,此外纳米 SiO_2 还提高了水泥硬化浆体的早期强度;掺入纳米 $CaCO_3$ 对于提高 UHPC 的力学性能更加明显;但同时掺加这两种纳米材料时增强效果并不理想,UHPC 性能好于单掺纳米 SiO_2 但不及单掺纳米 $CaCO_3$。

Ghafari[16]等研究发现纳米 SiO_2 的掺入增加了超高性能混凝土的微观密实度,同时改善了超高性能混凝土的力学性能和耐久性,运用 SEM 技术发现主要的原因是水泥浆基体与集料的界面得到了充分改善。

Behfarnia[17]等对纳米混凝土的抗冻性能进行了研究,结果表明,纳米材料能改善混凝土微观孔结构,显著提高混凝土的抗冻性,且冻融循环后混凝土试件的外观明显改善,质量损失明显降低。

Xu 等[18]研究了掺加纳米材料的混凝土经历冻融循环或干湿循环后在氯化钠和醋酸钾溶液中的劣化情况,评估了纳米 SiO_2 和纳米 TiO_2 对混凝土耐久性能的改善效果。试验结果表明,在冻融循环和干湿循环后,氯化钠和醋酸钾对混凝土试件的耐久性均有负面影响。然而,低剂量纳米颗粒的加入显著提高了混凝土试件的耐久性。通过微观结构分析,阐明了混凝土在侵蚀环境中的劣化机制,提供了混凝土潜在的改性机制,有助于设计和制造暴露在复杂侵蚀环境中的耐久混凝土材料。

赵军等[19]通过立方体试件的抗压、劈拉试验和棱柱体试件的抗折试验,研究了纳米 SiO_2 对钢纤维混凝土基本力学性能的影响规律。结果表明,纳米 SiO_2 对混凝土抗压强度、劈裂抗拉强度和抗折强度都有提高作用,且随着 SiO_2 掺量的增加,基本力学性能呈现先提高后降低的趋势,纳米 SiO_2 存在最优掺量。

黄功学等[20]通过抗冻试验、抗渗试验、抗氯离子渗透性能试验、抗冲磨试验研究了纳米 SiO_2 掺量对混凝土耐久性能影响的规律。研究发现纳米 SiO_2 掺入混凝土中能够提高混凝土的耐久性能,他认为这主要是因为纳米 SiO_2 一方面改善了水泥基和集料之间的界面,另一方面封堵了混凝土中的孔隙,因此提高了混凝土的抗渗、抗冻等性能。

长安大学的李朋飞[21]通过试验和理论分析,研究了纳米混凝土的路用性能,得出了和黄功学相似的结论。李朋飞认为,纳米 SiO_2 对混凝土的改善体现在三个方面:一是水泥水化,二是界面过渡区的改善,三是孔结构的改善。通过试验表明,纳米 SiO_2 对混凝土早期抗压强度影响较大,同时弯拉强度与疲劳寿命显著提高,但干缩较普通混凝土变大,是不利因素。他同时进行了试验道路的铺筑,给出了纳米混凝土施工的控制要点及施工工艺。

崔云[22]对掺加纳米 SiO_2 和钢纤维的补偿收缩混凝土抗冲击性能进行了深入的试验研究。试验结果表明,单掺纳米 SiO_2 不能改善混凝土脆性破坏的特点,其初裂冲击次数和破坏冲击次数提高不够明显。混掺纳米 SiO_2 和钢纤维可以大大提高混凝土抗冲击次数,破坏和初裂冲击能差更是提高显著,完全改善了混凝土的脆性。另外,纳米 SiO_2 的加入对混凝土抗裂性能也有所提高。

杨瑞海等[23]在混凝土中掺入复合纳米材料,研究了复合纳米材料对混凝土性能的影响。结果表明,复合纳米材料对混凝土抗氯离子渗透性能和抗硫酸盐腐蚀能力均有所提高,同时掺入方式较其掺入量影响效果更加明显。通过 SEM 微观观测复合纳米材料配制的水泥净浆,发现净浆组织结构更加密实,粗孔减少,进一步揭示了纳米 SiO_2 改善混凝土性能的机制。

李庆华等[24]采用霍普金森压杆装置对水泥基复合材料的冲击性能进行了研究,研究表明,纳米 SiO_2 对超高韧性水泥基复合材料的冲击性能有较大的影响。结果表明,掺加纳米 SiO_2 的超高韧性水泥基复合材料的静态抗压强度可提高 60% 以上,动态冲击性能可提高 32% 以上,纳米 SiO_2 改性后材料的峰值应力、动态增长因子、耗能能力均随应变率的增加而变大,表现出显著的应变率敏感性。

张茂花等[25]开展了氯离子渗透和碱集料反应共同作用下纳米混凝土耐久性能的研究。试验结果表明,纳米 SiO_2 和纳米 Al_2O_3 均可以不同程度地抑制氯离子渗透和碱集料反应,最佳掺量都为 2.0%,且纳米 SiO_2 效果更好。

综上所述,国内外众多学者对纳米混凝土做了许多研究工作,主要包括纳米混凝土的微观结构研究、基本力学性能研究及长期耐久性能研究,如抗渗性、抗冻性、抗硫酸盐侵蚀、抗氯离子侵蚀等。研究结果表明:与普通混凝土相比,纳米混凝土具有更好的早期性能、力学性能、耐久性和抗冲击性,这是因为纳米材料可明显改善混凝土中水泥浆体的结构和性能,以及水泥浆体与集料的界面结构和性能。由此可见,纳米高性能混凝土材料性能与应用技术的研究将是今后新型建筑材料研究的一个重要方向。该项研究就是要在前人研究成果的基础上,着重研究纳米粒子和钢纤维共同增强混凝土的基本力学性能、耐久性和抗冲击性能,为其在实际工程中的推广应用提供技术依据。

1.3　钢纤维混凝土增强机制及国内外研究现状

1.3.1　钢纤维混凝土的增强机制

纤维材料种类繁多,在建筑领域应用广泛,其中以钢纤维应用最多。建筑用钢纤维主要是指以切断钢丝、冷轧剪切、钢锭铣削及钢水冷凝四种方法制备的长径比在一定范围内的纤维。

自从 1907 年苏联专家使用金属材料纤维增强混凝土以来,围绕纤维增强混凝土的研究越来越多,不同的纤维类型,不同的应用场景等都取得了很多重要的成果。相比于普通合成纤维,钢纤维因其增强、阻裂效果明显,被广泛应用。在普通混凝土中掺入适量钢纤维浇筑形成钢纤维混凝土,这是一种新型复合材料。乱向分布的钢纤维能阻止混凝土内部细微裂缝的扩展和外部宏观裂缝的产生[26]。混凝土中掺入钢纤维后其抗压强度、弯拉强度、冲击强度、冲击韧性等性能均得到较大提高,因此钢纤维的增强机制也成为研究重点。目前,钢纤维的增强机制相关理论众多,其中广为认可的主要有纤维间距理论、复合材料理论,以及在两者基础之上发展起来的其他理论方法[27]。

(1)纤维间距理论。纤维间距理论即阻裂理论,该理论认为混凝土内部必然存在天然缺陷,如要提高性能,必须尽可能减小缺陷程度,提高韧性,改变混凝土内部裂缝处的应力集中状况。纤维混凝土的增韧和增韧能力由钢纤维的平均间距决定,钢纤维可以阻止内部微裂缝的发展和新裂缝的产生,使其只能在混凝土块体内部形成无害的、封闭的空腔或者小孔,从而达到纤维对混凝土增强增韧的目的。

(2)复合材料理论。该理论认为纤维混凝土是一种复合材料,也是一种多相材料,混凝土和纤维各为一相,纤维混凝土的性能是两相材料的加权和,普通混凝土的性质即为这种理论提供了论据。1959年我国混凝土科学的先驱吴中伟教授就提出了"中心质效应假说",为复合材料提供了理论支持,也是复合材料的精髓所在[28]。

(3)其他一些理论,比如多缝开裂理论、微观阻裂理论等。这些理论均可以认为是以复合材料理论和纤维间距理论为基础发展起来的越趋于完善的综合性理论。同时,随着社会科学技术的进步,现在的研究又深入到了界面细观结构,由此又提出了很多微观分析理论。

1.3.2 钢纤维混凝土国内外研究现状

纤维混凝土是指用普通混凝土或者砂浆等材料作为基材,以各种纤维作为增强改性材料复合而成的新型复合材料,由于其优良的性质,在工程领域应用广泛。纤维混凝土种类繁多,钢纤维混凝土是在工程领域应用最为广泛的一种。钢纤维混凝土就是在普通混凝土中掺入适量钢质材料制成的短钢纤维而形成的可浇筑、可喷射成型的一种新型复合材料。由于纤维具有阻裂的作用,可以显著提高混凝土的抗弯拉强度,解决了混凝土易脆的特点。同时纤维的加入,对于改善混凝土的抗渗性能、抗裂性能也有显著的效果[29,30]。因此,国内外学者针对钢纤维混凝土做了大量的研究,并进行了许多工程应用,取得了丰富的成果。

国外对纤维混凝土的研究开始得较早,1910 年,美国 H. F. Porter 发表了有关短纤维增强混凝土的研究报告,建议把短钢纤维均匀地分散在混凝土中,用以强化基体材料。

1963 年,J. P. Romualdi 和 G. B. Batson 发表了关于钢纤维约束混凝土裂缝开展机制的论文,提出了纤维间距理论,使纤维混凝土走向了实用开发的新阶段。

1994 年,Juchem 等[31]对相同水胶比的 PE(聚乙烯)纤维混凝土和钢纤维混凝土抗压强度做了试验研究,结果表明,PE 纤维混凝土和钢纤维混凝土抗压强度在 6 周后分别达到 53.5 MPa 和 89.2 MPa,纤维的加入显著地提高了混凝土的抗压强度。

1996 年,Jacobsen 等[32]开展了钢纤维混凝土抗冻性能方面的相关工作,相关结果表明,混凝土中掺入钢纤维能显著提高其抗冻性能,随着冻融循环次数的增加,混凝土的动弹性模量逐渐降低。

2009 年,Ahmaran 等[33]通过冻融试验对冻融循环后纤维混凝土的极限应变和弯曲强度进行研究,结果表明,在冻融循环后,混凝土的极限韧性、极限拉伸强度下降幅度变小,同时不掺加纤维的混凝土外观明显破坏,掺加钢纤维的混凝土抗冻能力明显提高,且冻融后动弹性模量降低较小。另外,极限应变远高于不加纤维的普通混凝土。

2010 年,Nili 等[34]研究了掺加硅灰和不掺加硅灰钢纤维混凝土在水灰比分别为 0.46 和 0.36 情况下的抗冲击性能和力学性能。采用长度为 60 mm,长径比为 80,体积分数为 0、0.5%和 1%的端钩形钢纤维作为增强材料。试验结果表明,掺入钢纤维可以改善混凝土的强度性能,尤其是劈裂拉伸和弯曲强度。与未掺纤维混凝土相比,纤维混凝土的抗冲击性能有显著提高。

2011 年,Naaman[35]采用加速腐蚀试验法,研究了混凝土力学性能受钢纤维腐蚀程度的影响,结果表明:钢纤维腐蚀后混凝土的抗拉强度和抗折强度有所下降,钢纤维腐蚀对抗压强度影响不大。

2014 年,Barros 等[36]为了评价纤维加固混凝土构件在弯曲破坏和剪切破坏中的有效性,进行了单轴压缩和弯曲试验及数值模拟,推导了 SFRC(钢纤维混凝土)的本构关系。利用截面分层模型和材料本构关系,根据典型截面的弯矩—曲率关系,预测了结构构件在弯曲破坏时的变形特点。为了评价纤维含量对混凝土抗剪性能的影响,进行了小梁三点弯曲试验,评价了 RILEM TC 162-TDF 提出的公式在钢纤维混凝土构件抗剪强度预测中的适用性,结果表明钢纤维可以显著提高混凝土结构构件的抗弯性能和抗剪性能。

Litvan[37]对混凝土冻融破坏的原因进行了研究,根据试验结果,他认为当混凝土表面有氯盐的存在时,将使混凝土内部水向表面迁移,当外部温度降低到一定程度时,这些水将会结冰堵塞通道,从而产生水压,当压力增大到一定程度时造成混凝土破坏。

我国对于纤维混凝土的研究起步相对较晚,但是发展较快,取

得了丰硕的研究成果。随着 1992 年《钢纤维混凝土结构设计和试
验规范》的颁布,使纤维混凝土迈入了工程应用的新阶段,随之钢
纤维混凝土更是成为诸多研究者的研究对象。

姚武[38]通过试验研究了钢纤维对高性能混凝土基本力学性
能的影响规律。结果表明,钢纤维不能显著改善混凝土的抗压强
度,但可以显著提高混凝土的弯拉强度,并且拉压比随钢纤维掺量
的增加而变大;钢纤维的加入,改变了混凝土脆性破坏的特点,提
高了混凝土的韧性和延性,当达到极限荷载后,钢纤维混凝土呈现
稳定破坏的形态。

张圣言[39]通过 207 个 100 mm × 100 mm ×100 mm 立方体试
块的抗压强度、抗折强度和劈拉强度试验,研究了钢纤维掺量、养
护龄期等因素对混凝土基本力学性能的影响。结果表明,一定范
围内的钢纤维掺量对普通混凝土的抗压强度提升不大,但是对掺
纳米二氧化硅混凝土的抗折强度和劈拉强度提升效果明显。钢纤
维掺量为 2% 时,C30 混凝土的劈拉强度和抗折强度较纳米混凝土
提高 62% 和 21%。同时分析了压折比和劈压比,表明钢纤维可以
有效地阻裂增韧,提高混凝土的延性。

马恺泽等[40]研究了混掺两种尺寸的钢纤维对混凝土基本力
学性能的影响规律。结果表明,保持相同体积掺量下,混杂钢纤维
混凝土的抗折强度、抗压强度、弯曲韧性均优于单掺一种尺寸的钢
纤维混凝土。在试验设计掺量范围内,1.5% 长钢纤维和 0.5% 的
短钢纤维混掺可使混凝土弯曲韧性较单掺一种钢纤维混凝土提高
18.4%,达到最优效果 。同时,试验也表明钢纤维的掺入会降低
混凝土的工作性,掺入 3% 的长钢纤维时其流动性几乎为 0。

杨全兵[41]认为在混凝土中加入钢纤维可以提高混凝土的抗
折强度,但对抗压强度影响不大;还可降低混凝土的抗盐冻剥蚀性
能,特别是引气混凝土的抗盐冻剥蚀性能。

田倩[42]认为钢纤维混凝土具有优良的抗冻性能,指出水泥浆与钢纤维有良好的界面黏结,能够有效降低裂缝端部的应力集中,延缓了裂缝的发展,提高了混凝土的抗裂性能,从而增强了混凝土的抗冻性。

吴晓斌等[43]研究了钢纤维陶粒混凝土的抗碳化性能,研究表明:碳化深度随碳化时间增长而增大,掺入钢纤维后在混凝土内部形成空间网状结构,有效提高了混凝土的抗裂性能和稳定性,也提高了抗碳化性能;但是当钢纤维掺量过大时,乱向分布的钢纤维导致试件成型过程中振捣不密实,出现大量空隙,不利于混凝土碳化性能的提高,钢纤维体积掺量1%时混凝土抗碳化性能优于2%掺量的钢纤维混凝土。

牛荻涛[44]等采用快冻法对五种不同掺量钢纤维的混凝土进行了冻融试验,采用了两种冻融方式,即清水冻融和氯化钠溶液冻融。牛荻涛通过分析钢纤维掺量对混凝土质量损失、相对动弹性模量和劈拉强度的影响,探究了钢纤维混凝土的增强机制。研究表明,掺入适量的钢纤维可以提高混凝土的密实度,降低内部孔隙率,有效地阻止混凝土内部裂缝的发生和发展,提高混凝土的抗冻性能。钢纤维体积掺量为1.5%对混凝土抗冻性能的提高最为明显。

孙家瑛[45]通过慢冻法研究了掺加聚丙烯纤维(PP纤维)和植物纤维(UFPP纤维)混凝土的抗冻性能,结果表明,在混凝土中掺加聚丙烯纤维和植物纤维可以提高混凝土的抗冻性能,植物纤维对混凝土抗冻性能的提高要优于聚丙烯纤维。他认为纤维混凝土的抗冻性之所以可以得到提高,主要是因为纤维可使混凝土塑性裂缝减少、孔隙率降低、平均孔径减小。

王立成等[46]采用动三轴试验机对钢纤维混凝土立方体试件进行动态抗压试验,通过试验分析了钢纤维掺量、应力比、应变速率对混凝土极限抗压强度的影响。

朱海堂[47]研究了在碳化条件下,不同掺量的钢纤维对混凝土力学性能的影响,结果表明,碳化可以提高混凝土的抗压强度和抗折强度,但当钢纤维掺量达到 2% 时,钢纤维的力学指标较碳化前有所下降。

焦楚杰等[48]采用 SHPB 装置对钢纤维混凝土进行多应变率冲击试验研究,试验表明,随着应变率的升高,钢纤维混凝土峰值应力增长缓慢,弹性模量基本不变;钢纤维掺量越大,混凝土动态强度增长越大,钢纤维起到了增韧的作用,钢纤维混凝土呈现出"裂而不散,裂而不断"的破坏形态。

陈相宇[49]通过改进的落锤冲击试验,采用落锤冲击试验法对钢筋混凝土、PP(聚丙烯)混凝土、钢纤维混凝土的抗冲击性能进行了研究。试验结果表明,纤维的加入可以很大程度地提高混凝土的抗冲击性能,改变混凝土易脆的属性。在一定的掺量范围内,随着纤维掺量的增加,冲击次数大幅提高,初裂和破坏能之差越来越大,纤维混凝上储能能力增大,阻裂增韧效果更佳。同时,由于抗冲击试验的客观因素导致数据离散,引入双参数威布尔分布理论对混凝土抗冲击次数进行数理统计分析,结果表明双参数 Weibull 分布理论能较好地描述混凝土材料抗冲击次数的分布规律。

潘慧敏等[50]以韧性系数和延性比为评价指标,用自制的落锤冲击试验装置,同时通过体式显微镜对裂缝的形态进行观察,分析了冲击荷载下 SFRC 的阻裂效应。结果表明,钢纤维可以有效提高混凝土的韧性和延性比,当钢纤维掺量为 1% 时,钢纤维混凝土韧性系数达到最大值,接近基准混凝土的 10 倍。SFRC 优良的延性特征使混凝土基体开裂后仍然可以承受多次冲击,延缓裂缝的发展,在破坏裂缝周围出现多条副裂缝。

白敏等[51]通过模拟海洋环境的自然浸泡试验对 SFRC 的抗氯离子渗透性能进行了研究,得出的结论为:随着钢纤维掺量的增加,SFRC 的自由氯离子含量、氯离子扩散系数都有先增后减的趋势,表明一定掺量的钢纤维可以提高混凝土的抗氯离子渗透性能,但是过量的钢纤维造成混凝土内部缺陷增多,反而不能改善混凝土抗氯离子性能,此研究结果和东南大学蒋金洋等[52]的研究结论相一致。

姜磊[53]对钢纤维混凝土的抗冻能力进行了研究。通过水中快冻、氯盐快冻和 SEM 微观试验,得到了钢纤维掺量对混凝土抗冻性能的影响规律。结果表明,掺加钢纤维后,混凝土冻融循环之后的质量损失率、劈拉强度损失量、动弹模量损失率较普通混凝土均有所降低。从微观分析来看,钢纤维混凝土较普通混凝土冻融后结构更加紧密,微观裂缝较少,裂缝相对较分散,未形成贯穿裂缝。

程红强等[54]通过快速冻融循环试验,研究了钢纤维混凝土抗冻融耐久性能。结果表明,冻融循环对钢纤维混凝土有较大影响,随冻融循环次数的增加,钢纤维混凝土损伤不断累积,相对动弹模、劈拉强度不断下降,强度损伤具有指数模式。掺加一定量的钢纤维,能有效提高混凝土的抗冻耐久性能,在一定范围内,随钢纤维掺量的增加,强度损伤逐渐减小。在试验基础上,给出了冻融循环作用下钢纤维混凝土强度损伤模型。

沈俊飞[55]用 ABQUS 有限元分析软件建立了钢纤维网格混凝土和钢筋混凝土的受力构件模型,计算分析了两者的拉应力和挠度,结果表明铺设钢纤维网格层的混凝土比加入钢筋的受力效果更好,并且更加经济。同时,通过对比不同钢纤维网格层的角度和位置,确定最优的角度为 30°,位置为受拉区底部向上 10 mm,此时混凝土可以承受最大的荷载。

　　综上所述,钢纤维作为最常用的纤维之一已经被国内外学者
进行了大量的研究。钢纤维可以明显提升混凝土的抗弯拉性能、
断裂韧性及延性,适当的掺入钢纤维还可以改善混凝土包括抗渗
性能、抗冻性能、抗碳化等在内的耐久性,同时钢纤维可以有效提
升混凝土的抗冲击性能。该项研究就是在前人研究成果的基础
上,研究同时掺入钢纤维和纳米粒子时对混凝土的基本力学性能、
耐久性和抗冲击性能的影响规律,为其在实际工程中的推广应用
提供技术支持。

1.4　本书研究内容

　　相较于普通混凝土,单一地在混凝土中掺加钢纤维或者纳米
材料都可以得到优于普通混凝土的复合混凝土材料。因而,在混
凝土中同时掺加钢纤维和纳米 SiO_2 将会对混凝土的各种力学性
能和耐久性能有更高的增强作用。国内外学者对钢纤维混凝土和
纳米 SiO_2 混凝土的相关性能都做了大量的研究,但是对于同时掺
入两种改性材料对混凝土性能目前缺乏系统的研究。基于此,本
书以纳米 SiO_2、钢纤维、河砂、碎石、水泥、高效减水剂和水为原材
料配制纳米 SiO_2 和钢纤维增强混凝土,并通过室内试验探究纤维
掺量、纳米粒子掺量等因素对混凝土基本力学性能、耐久性和抗冲
击性能的影响,主要研究内容包括:

　　(1)根据本书研究目标和试验方案,确定试验材料的各项指
标、混凝土的配合比。

　　(2)以 28 d 为试验龄期,测试混凝土抗压强度、抗折强度和劈
拉强度,研究纳米 SiO_2 和钢纤维对混凝土抗压强度、抗折强度和
劈拉强度的影响,并揭示了相应的影响规律。

　　(3)以 28 d 为养护龄期,采用渗水高度法研究纳米粒子和钢

纤维增强混凝土的抗渗性能。

（4）以 28 d 为试验龄期，分别通过快冻法和单面冻融法测试混凝土试件的抗冻性能，研究纳米 SiO_2 和钢纤维对混凝土抗冻性能的影响，并揭示了相应的影响规律。

（5）以 28 d 为养护龄期，分别以 3 d、7 d、14 d 和 28 d 为碳化龄期，测量混凝土在不同碳化龄期的碳化深度，分析纳米 SiO_2 掺量、钢纤维掺量对混凝土抗碳化性能的影响。

（6）通过混凝土平板开裂试验，研究纳米 SiO_2 掺量、钢纤维掺量对混凝土早期收缩规律、抗裂性能的影响。

（7）以 28 d 为试验龄期，通过抗氯离子渗透试验，研究纳米 SiO_2 和钢纤维对混凝土抗氯离子渗透性能的影响，并揭示相应的影响规律。

（8）以 28 d 为试验龄期，通过落锤冲击试验测试混凝土试件的抗冲击性能，研究纳米 SiO_2 和钢纤维对混凝土抗冲击性能的影响，并揭示相应的影响规律。

第 2 章 纳米粒子和钢纤维增强混凝土的制备

2.1 试验所用原材料

纳米材料和钢纤维增强混凝土耐久性与抗冲击性能试验所用的原材料主要包括级配良好的碎石、河砂、水泥、纳米 SiO_2、钢纤维、高效减水剂、粉煤灰和水等。所用原材料各项技术指标都符合试验要求,具体参数和检测指标见下文。另外,由于本书中所介绍的试验是分两批(分为 A、B 两组)进行的,使用材料的批次也有所不同,其中水泥是由两家不同的公司提供的,其他材料均相同。

2.1.1 水泥

本书试验所用水泥分别为山东鲁城水泥有限公司生产的 P·I 42.5 旋窑硅酸盐水泥和河南省新乡孟电水泥厂生产的 P·O 42.5 普通硅酸盐水泥。根据《通用硅酸盐水泥》[56] 对该水泥的各项性能进行了检测,检测结果见表 2-1、表 2-2。

表 2-1 山东鲁城硅酸盐水泥各项性能检测结果

主要指标	密度（g/cm³）	凝结时间（min）		抗压强度（MPa）		抗折强度（MPa）	
		初凝	终凝	3 d	28 d	3 d	28 d
检测值	3.26	85	285	28.1	54.6	5.96	9.45

表 2-2 河南省新乡硅酸盐水泥各项性能检测结果

主要指标	密度（g/cm³）	凝结时间（min）		抗压强度（MPa）		抗折强度（MPa）	
		初凝	终凝	3 d	28 d	3 d	28 d
检测值	3.16	90	286	26.1	53.8	5.37	8.52

2.1.2 粉煤灰

粉煤灰也叫飞灰(fly ash)，是由燃煤电厂从烟道收集的灰尘，其中含有大量球状玻璃珠，以及石英、莫来石和少量的矿物结晶等物质。粉煤灰是由多种不同形状的颗粒混合堆聚的粒群，其中只有硅酸盐或铝硅酸盐玻璃体的微细颗粒、微珠和海绵状玻璃体是有活性的；而结晶体，如石英，在常温下火山灰性质就不够明显；莫来石则是惰性成分。一般来说，玻璃体与结晶体比值越高，粉煤灰的活性越好。

本书试验研究使用的粉煤灰为一级粉煤灰，各项检测指标如表 2-3 所示。

表 2-3 粉煤灰主要技术指标

序号	技术指标	检测值
1	细度(%)	9.21
2	需水量比(%)	91.1
3	含水率(%)	0.5
4	烧失量(%)	5.24
5	三氧化硫含量(%)	1.21
6	游离钙(%)	0.19

2.1.3 纳米 SiO_2

传统的水泥基材料强度较低,掺加一定量的纳米 SiO_2 代替一部分水泥后,纳米 SiO_2 与水泥石中的水化产物形成化合键,生产 C-S-H 凝胶,而且纳米 SiO_2 具有特殊的网状结构,能在水泥浆体原有的网络结构的基础上建立一个新的网络,三维网络结构可较大地提高水泥浆体的物理力学性能和耐久性。

本试验采用的纳米二氧化硅由杭州万景新材料有限公司生产,外观为松散的白色粉末,纳米 SiO_2 各项指标测试结果见表2-4。

表 2-4　纳米 SiO_2 各项指标检测结果

序号	测试内容	测试结果
1	比表面积(m^2/g)	200
2	含量(%)	99.5
3	平均粒径(nm)	30
4	pH 值	6
5	表观密度(g/L)	55
6	加热减量,%(m/m)	1.0
7	灼烧减量,%(m/m)	1.0

2.1.4 钢纤维

纤维材料种类繁多,在建筑领域应用广泛,其中以钢纤维应用最多。建筑用钢纤维主要是指以切断钢丝、冷轧剪切、钢锭铣削及钢水冷凝四种方法制备的长径比在一定范围内的纤维。本书试验采用郑州禹建钢纤维公司生产的铣削型钢纤维,外观见图2-1,各项技术指标见表2-5。

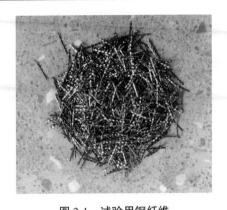

图 2-1　试验用钢纤维

表 2-5　钢纤维主要技术指标

主要指标	抗拉强度 （MPa）	长度 （mm）	等效直径 （mm）	长径比
结果	800	32	0.56	57.1

2.1.5　高效减水剂

减水剂作为混凝土外加剂的一种,在混凝土中通过分散作用、润滑作用、空间位阻作用和接枝共聚支链的缓释作用改善混凝土的工作性能,减少用水量,减少水泥用量。减水剂的种类较多,也有多种分类方法。根据其减水效果可以分为普通减水剂和高效减水剂,根据其形态可以分为液体和粉状。根据除减水之外的作用也可分为早强型、缓凝性、引气型等。随着混凝土技术的提升和对混凝土要求的提高,减水剂已经成为混凝土中不可缺少的成分。

本书试验使用江西星辰化工有限公司生产的减水剂,对该减水剂的各项指标进行检验,经检验符合《混凝土外加剂》(GB 8076—2008)[57]的规定,具体检验结果见表 2-6。

表 2-6　减水剂主要技术指标

主要指标	密度 (g/cm³)	减水率 (%)	pH 值	总碱量 (%)
数值	1.08	30	6.3	1.08

2.1.6　细集料

建筑材料用细集料主要有天然河砂、机制砂、石英砂。本试验所配制混凝土为高性能混凝土,所以选用细集料为级配良好的天然河砂,其主要物理指标见表 2-7、图 2-2。

表 2-7　河砂主要技术指标

序号	技术指标	检测值
1	细度模数	2.7
2	云母(%)	0.2
3	有机物	合格
4	含泥量(%)	1.5
5	坚固性(%)	5.0
6	硫化物(%)	0.3
7	表观密度(kg/m³)	2 560
8	堆积密度(kg/m³)	1 546

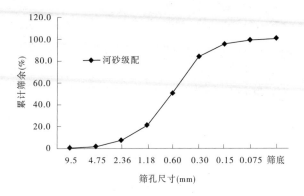

图 2-2 细集料累计筛余曲线

2.1.7 粗集料

粗集料即在混凝土中起到骨架或者填充作用的各种级配碎石、卵石的总称。在混凝土中粗集料的占比很大,最大可以达到75%以上,因此粗集料的各种性能直接影响新拌混凝土的各种性能,在本试验中选用粒径为 4.75~26.5 mm 的连续级配碎石,其主要检测指标见表 2-8 和图 2-3。

表 2-8 级配碎石主要技术指标

指标	含水率 (%)	含泥量 (%)	坚固性 (%)	有机物	压碎值 (%)	表观密度 (kg/m³)	堆积密度 (kg/m³)
检测值	0.36	1.2	5.0	合格	7.0	2 735	1 401

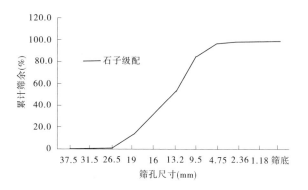

图 2-3　碎石筛分曲线

2.1.8　水

　　本试验用水为郑州市自来水,水样检测结果符合混凝土用水要求,各项检测结果见表 2-9。

表 2-9　水主要指标检测结果

序号	检测指标	数据
1	pH 值	6.7
2	总碱度(mg/L)	9.13
3	可溶物(mg/L)	1 038
4	硫酸根含量(mg/L)	230.68
5	氯离子含量(mg/L)	158.56
6	不溶物(mg/L)	106

2.2　纳米粒子和钢纤维增强混凝土配合比设计

2.2.1　配合比设计

混凝土技术的发展作为社会发展的一个重要标志之一,在工业化进程中应用范围广泛,作用重要。但是混凝土自身的缺点也同样限制了它的发展,在混凝土几十年的发展中,材料的复合化成为研究的重点。本书试验即是在混凝土中掺加纳米 SiO_2 和钢纤维,研究二者掺量对混凝土性能的影响。根据研究设计,选择固定水胶比、砂率,只单一改变纳米 SiO_2 掺量和钢纤维掺量。

本书试验根据混凝土配合比设计规程[58,59],试验分为 2 批进行,分别为 A、B 两组,设计基准混凝土抗压强度等级分别为 C45、C50。对于 A 组,纳米 SiO_2 按照 1%、2%、3%、4%、5%的比例等质量取代水泥;保持纳米 SiO_2 掺量为 3%,钢纤维按照 0.5%、1.0%、1.5%、2.0%、2.5%的比例作为体积外掺量掺入混凝土。对于 B 组,纳米 SiO_2 的掺量为 0、1%、3%、5%、7%和 9%;保持纳米 SiO_2 掺量为 5%不变,钢纤维掺量为 0、0.5%、1.0%、1.5%、2.0%和 2.5%。A、B 两组每立方米混凝土中各材料的用量分别如表 2-10、表 2-11 所示。

表 2-10　A 组 1 m^3 混凝土材料

试验编号	水 (kg)	水泥 (kg)	粉煤灰 (kg)	河砂 (kg)	级配碎石 (kg)	纳米 SiO_2 (%)	钢纤维 (%)	减水剂 (%)
00-00	190	437	77	646	990	0	0	0
01-00	190	432.63	77	646	990	1	0	0.2
02-00	190	428.26	77	646	990	2	0	0.4

续表 2-10

试验编号	水（kg）	水泥（kg）	粉煤灰（kg）	河砂（kg）	级配碎石（kg）	纳米 SiO_2（%）	钢纤维（%）	减水剂（%）
03-00	190	423.89	77	646	990	3	0	0.6
04-00	190	419.52	77	646	990	4	0	0.8
05-00	190	415.15	77	646	990	5	0	1.0
03-05	190	423.89	77	646	990	3	0.5	0.6
03-10	190	423.89	77	646	990	3	1.0	0.8
03-15	190	423.89	77	646	990	3	1.5	1.0
03-20	190	423.89	77	646	990	3	2.0	1.2
03-25	190	423.89	77	646	990	3	2.5	1.4

表 2-11　B 组 1 m³ 混凝土材料

试验编号	水（kg）	水泥（kg）	粉煤灰（kg）	河砂（kg）	级配碎石（kg）	纳米 SiO_2（%）	钢纤维（%）	减水剂（%）
00-00	158	461.89	81.51	647	1 151	0	0	5.98
01-00	158	456.46	81.51	647	1 151	1	0	5.98
03-00	158	445.59	81.51	647	1 151	3	0	5.98
05-00	158	434.72	81.51	647	1 151	5	0	5.98
07-00	158	423.85	81.51	647	1 151	7	0	5.98
09-00	158	412.98	81.51	647	1 151	9	0	5.98
05-05	158	434.72	81.51	647	1 151	5	0.5	5.98
05-10	158	434.72	81.51	647	1 151	5	1.0	5.98
05-15	158	434.72	81.51	647	1 151	5	1.5	5.98
05-20	158	434.72	81.51	647	1 151	5	2.0	5.98
05-25	158	434.72	81.51	647	1 151	5	2.5	5.98

表 2-10 和 2-11 中试验编号意义为:前两位代表纳米 SiO_2 的掺量,后两位代表钢纤维的掺量。例如 03−15 的意思为纳米 SiO_2 掺量为 3%,钢纤维掺量为 1.5%的混凝土。

2.2.2　试验内容

本书纳米高性能混凝土所有试验在保持用水量、水胶比和粉煤灰掺量不变的基础上,改变纳米 SiO_2 和钢纤维掺量,A、B 两组试验中所使用的纳米掺量不同,钢纤维掺量相同。对于不同的性能试验分别在 A、B 两组进行,如表 2-12 所示。

表 2-12　试验内容

组别	试验名称	龄期(d)	各配合比试件个数	试件尺寸(mm)	试件总数(个)
A 组	抗压强度	28	3	150×150×150	33
	抗折强度	28	3	100×100×400	33
	劈拉强度	28	3	150×150×150	33
	抗冲击试验	28	5	150×150×150	55
	氯离子渗透试验	28	3	Φ100×50	33
	单面冻融试验	28	5	150×110×70	55
B 组	抗压强度	3	3	150×150×150	39
	碳化试验	3、7、14、28	3	100×100×100	132
	抗渗试验	28	6	175×185×150	66
	冻融试验	28	3	100×100×400	33
	抗裂试验	—	2	600×600×63	22

2.3　试件制备

混凝土是由水泥、砂、石、水、外加剂按一定比例拌和而成的，影响其强度和其他性能的原因主要有两个方面。其一是原材料的质量，上文已经对所用原材料进行检验，所用原材料合格；其二则是混凝土施工工艺及过程控制，也是试验成功与否的关键。钢纤维和纳米 SiO_2 增强混凝土制备过程中，纳米 SiO_2 和钢纤维的均匀分散是确保混凝土质量的关键点，也是试件具备优良特性的基础。

为了保证纤维和纳米材料均匀分散，需要选择合适的掺入方式和顺序。对于本试验所用钢纤维，为保证其均匀分散，选择在干拌最后阶段加入搅拌机，同时增加搅拌时间。对于纳米 SiO_2，其掺入方式主要有两种：一种是将纳米材料、水泥、粉煤灰等混合，按照胶凝材料的掺入方式掺入，同时延长搅拌时间；另一种是拌制前，先将纳米材料加入水中进行搅拌，混合均匀，然后加入搅拌机混合料中[60]。多次试配结果表明，在第二种方法的基础上，将纳米材料和减水剂一起加入水中进行搅拌，混合均匀，之后随水一起加入混凝土中，不仅能获得较好的分散效果，而且减少了搅拌机内壁对纳米材料的黏附。

本试验混凝土的搅拌采用强制型卧式搅拌机，拌制流程为：先将纳米 SiO_2 和高效减水剂加入水中，搅拌均匀。对搅拌机进行湿润后，加入粗集料和细集料搅拌 60 s，接着加入水泥和粉煤灰搅拌 60 s，然后将钢纤维沿搅拌机叶轮转动方向均匀掺入，经搅拌 30 s 后加入纳米材料和水的混合物，具体拌制过程如图2-4所示。

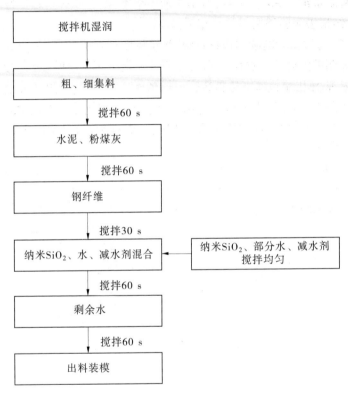

图 2-4　成型工艺

　　将成型后试件水平放置在阴凉处，24 h 后脱模，根据试验要求确定养护龄期，将试件放入标准养护室中(养护温度 20 ℃±2 ℃，相对湿度 95% 以上)进行养护。

2.4　小　结

(1)按照混凝土配合比设计的相关规程和标准，选择合适的

原材料制备纳米 SiO_2 和钢纤维增强混凝土,并对原材料进行检测分析,结果表明各原材料符合相关标准。

(2)通过文献阅读和资料查阅,初步确定试验配合比,通过多次试配调整配合比至最优。本书试验分为两组,分别通过单一改变纳米 SiO_2 掺量或钢纤维体积掺量制备试件。其中,两组的 SiO_2 质量掺量不同:A 组为 1%、2%、3%、4%、5%,B 组为 1%、3%、5%、7% 和 9%;两组的钢纤维体积掺量相同,均为 0.5%、1.0%、1.5%、2.0%、2.5%。

(3)根据《普通混凝土配合比设计规程》及《钢纤维混凝土》等规范标准,同时查阅相关文献,经过反复试配确定了纳米 SiO_2 和钢纤维增强混凝土的制备工艺。

第3章 纳米粒子和钢纤维增强混凝土工作性能研究

3.1 引 言

混凝土拌和物的工作性包括拌和物的稠度、和易性和可塑性,通常用来描述混凝土拌和物在运输、入模、振捣及抹平时所表现出来的性能[61]。混凝土拌和物工作性一般仅指其和易性,是指混凝土拌和物在不发生离析、泌水的情况下,便于施工操作并能获得质量均匀、密实的混凝土性能。良好的工作性是获得质量良好的纳米高性能混凝土的一个基本要求。高性能混凝土设计的目的是以优良的耐久性来突出其主要特性。没有良好的工作性也不可能有良好的耐久性,例如,不均匀的拌和物(离析、泌水)就会造成混凝土分层、不密实,流动性或填充性不足时还可能造成混凝土中出现孔洞、蜂窝等严重缺陷。混凝土拌和物工作性不好,产生离析和泌水还会造成混凝土表面出现麻面、流砂等现象。离析使水泥浆从混合物中流出,混合料组分分离,失去连续性;泌水使固体颗粒下沉,水分上升,在混凝土表面产生浮浆,在与模板交界面上,泌水把水泥浆带走,仅留下砂子,从而形成流砂。混凝土拌和物工作性具有很复杂的内涵,它不仅包含混凝土拌和物本身的性能,而且包含外在的影响因素,常常是两种或几种基本性质的不同组合,以满足不同条件下所需要的工作性。影响混凝土拌和物工作性的因素很多,如砂率、水泥的种类和掺量、集料的种类、粒型和级配及高效减水剂的掺量。

本章中采用的纳米质量掺量为1%、3%、5%、7%和9%,钢纤维体积掺量为 0.5%、1.0%、1.5%、2.0%、2.5%。

3.2　混凝土拌和物工作性测定

　　目前比较通用的方法是采用扩展度和坍落度评价混凝土的工作性。扩展度和坍落度分别反映了混凝土拌和物的稠度和流动性。混凝土拌和物扩展后的形状越接近圆形,表明混凝土拌和物越均匀;坍落度越大,表明混凝土拌和物流动性越好,这两个指标的测定都用到了坍落度筒。坍落度筒上口直径 100 mm、下口直径 200 mm、高 300 mm,由 2 mm 左右厚的铁板制作而成。试验前要先将坍落度筒内壁湿润,避免筒壁吸收拌和物中的水分,对坍落度结果造成影响,一人双脚踩紧坍落度筒两侧的踏板,双手按住把手,将坍落度筒固定。另外一人将拌和物分三层装入筒内,每层装入后,用捣棒从外圈到内圈插捣 25 次,刮去多余的混凝土并将表面抹平。在 5~10 s 内将坍落度筒竖直、稳定地提起,将坍落度筒放在一旁,当拌和物不再坍落时,测量拌和物顶端与坍落度筒顶端的高差, 即为该拌和物的坍落度值[62](见图 3-1)。用钢尺测量拌

图 3-1　混凝土坍落度试验

和物扩展后三个方向上的直径,取三个数的算术平均值作为扩展
度。本书试验采用坍落度评价拌和物的工作性。纳米粒子和钢纤
维增强混凝土坍落度试验结果如表 3-1 所示。

表 3-1　纳米粒子和钢纤维增强混凝土坍落度试验结果

试验编号	坍落度(cm)	坍落度相对 0-0 百分比(%)
00-00	13.8	100.0
10-00	11.2	81.2
03-00	9.7	70.3
05-00	7.7	55.8
07-00	5.6	40.6
09-00	3.9	28.3
05-05	7.1	51.4
05-10	5.8	42.0
05-15	4.3	31.2
05-20	3.0	21.7
05-25	1.2	8.7

3.3　纳米 SiO_2 掺量对混凝土工作性的影响

图 3-2 为混凝土中掺入纳米 SiO_2 后坍落度的变化情况。由
表 3-1 可以看出,纳米 SiO_2 掺入混凝土后坍落度下降明显,随着
纳米 SiO_2 掺量的增加,高性能混凝土坍落度呈减小趋势。当纳米
SiO_2 的掺量从 0 增加到 9% 时,坍落度从 13.8 cm 降到了 3.9 cm,
减小了 71.3%。同样水灰比和减水剂用量的条件下,掺入 SiO_2 可
以使水泥净浆的稠度增大,凝结时间缩短。纳米粒子的颗粒极小,

比表面积很大,所以表层吸附水增加。可见,掺入纳米 SiO_2 使混
凝土的流动性变差,但也有资料[11]表明当纳米 SiO_2 掺量极小
(0.01%)时,纳米粒子可以改善水泥的分散效果,提高水泥净浆的
流动性,起到了减水剂的效果。

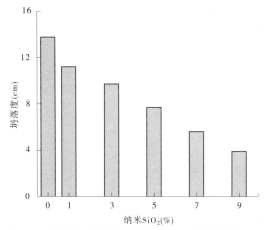

图 3-2　不同掺量的纳米 SiO_2 混凝土坍落度的变化

混凝土拌和物中,所需水量通常来源于两方面:一是所需填充
水,这部分水填充在拌和物之间的空隙中,对拌和物流动性几乎没
有影响;二是所需表层吸附水,这部分水在水泥颗粒表面形成水
膜,水膜的厚度对混凝土拌和物的流动性起着重要的作用。所需
填充水的多少与混合体系密实度有关,密实度越高,所需填充水量
就越少。表层吸附水的多少与混合体系的比表面积有关,比表面
积越大,所需表层吸附水量越多。纳米 SiO_2 颗粒较小,能填充在
混凝土的空隙中,减少了所需填充水的数量,但由于纳米 SiO_2 比
表面积比较大,所需表层吸附水量大大增加,使得混凝土拌和物中
的大量自由水被纳米粒子所约束,混凝土中很难有多余的水分溢
出,有利于提高混凝土的泌水性、黏聚性和保水性,导致混凝土拌
和物的流动性降低[63]。要保持混凝土拌和物的良好工作性,在

混凝土中掺入纳米 SiO_2 的同时必须适当提高高性能减水剂的
掺量。

3.4　钢纤维掺量对纳米混凝土
工作性的影响

由表 3-1 和图 3-3 可以看出,钢纤维加入纳米高性能混凝土
中降低了拌和物的坍落度,并且随着钢纤维掺量的增加,坍落度逐
渐减小。钢纤维的掺量从 0 增加到 2.5%,纳米混凝土的坍落度从
7.7 cm 减小到 1.2 cm,减小了 84.4%。加入到拌和物中的钢纤维
呈乱向分布状态,在空间中形成了网状结构,大大增加了拌和物内
部阻力,阻止集料下沉。

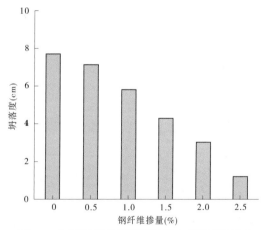

图 3-3　不同掺量的钢纤维混凝土坍落度的变化

钢纤维掺量的增加使钢纤维的总表面积增加,需要包裹钢纤
维的水泥浆亦增加,同时使钢纤维之间的交叉搭接作用更显著,致
使拌和物的流动性显著降低。

3.5　小　结

(1)高性能混凝土掺入纳米 SiO_2 后,使混凝土的工作性降低,纳米 SiO_2 掺量越大,混凝土的工作性降低越显著。

(2)纳米高性能混凝土掺入钢纤维后,使混凝土的工作性降低,钢纤维掺量越大,混凝土的工作性降低越显著。

第 4 章　纳米粒子和钢纤维增强混凝土强度特性研究

4.1　引　言

混凝土作为用量最大的建筑材料,在国家基础设施建设中发挥着巨大的作用。良好的基本力学性能是保证混凝土构造物发挥作用的基本要求。对于普通混凝土基本力学性能的研究目前已取得了丰硕的成果,而对于在混凝土中单掺或者混掺纳米 SiO_2 和钢纤维配制而成的新型复合混凝土的研究还不够充分。这种材料在强度特性、破坏形式等方面可能和普通混凝土有很大的差别,为此,本章将对纳米 SiO_2 和钢纤维增强混凝土的抗压强度、抗折强度、劈裂抗拉强度进行试验研究,并对结果进行分析。其中,纳米 SiO_2 质量掺量为 1%、2%、3%、4% 和 5%,钢纤维体积掺量为 0.5%、1.0%、1.5%、2.0%、2.5%。

4.2　立方体抗压强度试验研究

抗压性能是混凝土最重要的基本力学性能,是确定混凝土强度等级的唯一依据。本书根据《公路工程水泥及水泥混凝土试验规程》(JTG E30—2005)的相关规定,对纳米高性能混凝土的立方体抗压强度进行了测试。根据试验结果,分析了钢纤维掺量和纳米 SiO_2 掺量对立方体抗压强度的影响。

立方体抗压强度试验方法:

(1)仪器设备。

①压力试验机。采用 YA-3000B 电液式压力试验机,最大量程为 3 000 kN。

②钢尺。量程为 300 mm,最小刻度为 1 mm。

(2)试验步骤。

①从养护室取出试件,擦拭干净后检查外观并测量尺寸,精确至 1 mm,若实测尺寸与公称尺寸之差不大于 1 mm,按公称尺寸计算。

②将试件放在试验机的下压板上,用试件成型时的侧面作承压面,轴心对准试验机下压板中心。开动试验机,当上压板与试件接近时,调整球铰座,使接触均衡。

③对试件连续、均匀加荷,加荷速度取 0.5~0.8 MPa/s。当试件临近破坏、变形速度增快时,停止调整试验机油门,直至试件破坏,记录最大荷载。

立方体抗压强度按式(4-1)计算[64]:

$$f_{cu} = \frac{F}{A} \qquad (4-1)$$

式中　f_{cu}——纳米高性能混凝土的立方体抗压强度,MPa;

　　　F——试件破坏时最大荷载,N;

　　　A——试件受压面积,本试验中为 22 500 mm²。

以 3 个试件测值的平均值作为该组试件的抗压强度,如果 3 个测值中的最大值或最小值中一个与中间值差超过中间值的15%,则取中间值为测定值;如果最大值和最小值与中间值差均超过中间值的 15%,则该组试验结果无效。

本试验的主要目的是研究钢纤维体积掺量、纳米 SiO_2 掺量和养护龄期对纳米高性能混凝土立方体抗压强度的影响。立方体抗压强度试验结果见表 4-1。

表 4-1 立方体抗压强度试验结果

试验编号	单个试件抗压强度(MPa)			抗压强度平均值(MPa)
	1	2	3	
00-00	42.5	45.5	47.8	45.3
01-00	49.9	48.6	43.1	47.2
02-00	48	50.1	53.9	50.7
03-00	58	51.8	47	52.3
04-00	51.4	48.2	53.5	51
05-00	52	45.3	48.8	48.7
03-05	58.3	48.5	53.4	53.4
03-10	55.3	58.1	52.8	55.4
03-15	61.1	52.3	65.2	59.5
03-20	62.1	61.5	62.5	62
03-25	51.1	59	60	56.7

4.2.1 纳米 SiO_2 掺量对混凝土立方体抗压强度的影响

图 4-1 为试件 28 d 抗压强度和纳米 SiO_2 掺量的关系图,从图中可以看出,在混凝土中掺入纳米 SiO_2,抗压强度整体是提高的。从具体数量关系上分析,当纳米 SiO_2 掺量从 0 增长到 3% 时,抗压强度从 45.3 MPa 增长到最高的 52.3 MPa,相对增长了15.5%。当纳米 SiO_2 掺量从 3% 增长到 5% 时,立方体抗压强度从最高的 52.3 MPa 下降到 48.7 MPa,抗压强度呈现下降的趋势,但是较基准混凝土强度仍然提高了 7.5%。

根据上述对混凝土抗压强度的分析可知,在本书试验掺量范围内,纳米 SiO_2 对混凝土抗压强度有一定的增强作用。随着纳米

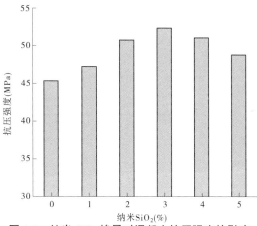

图 4-1　纳米 SiO$_2$ 掺量对混凝土抗压强度的影响

SiO$_2$ 掺量的增加,混凝土的抗压强度呈现先增大后减小的变化规律,且掺量为 3% 时抗压强度最大。纳米 SiO$_2$ 粒子尺寸较小,具有微集料填充效应,当掺量较小时能够填充混凝土内部的微小孔隙,起到增加混凝土密实度的作用,从而提高混凝土强度。

纳米 SiO$_2$ 能与水泥水化反应后生成的 Ca(OH)$_2$ 发生"二次水化"反应,生成水化硅酸钙凝胶(C-S-H),C-S-H 能有效地填充混凝土的孔隙,使混凝土更加密实:

$$Ca(OH)_2 + SiO_2 + (n-1)H_2O = CaO \cdot SiO_2 \cdot nH_2O \quad (4-2)$$

普通硅酸盐水泥中含有 3% 左右的石膏,石膏可调节水泥的凝结时间。这些石膏与部分水化铝酸钙(C-A-H)反应,生成难溶的水化硫铝酸钙的针状晶体并伴有明显的体积膨胀。

纳米 SiO$_2$ 由于比表面积较大,颗粒较小,能够以较快的速度与早期水泥水化产生的 Ca(OH)$_2$ 发生反应,使水化过程的 Ca(OH)$_2$ 浓度降低,从而加快水泥的水化速度。水化热的较早产生加速了水泥其他成分的水化,提高了水泥浆和集料的界面强度,从而提高了混凝土早期强度。由于纳米 SiO$_2$ 的存在,水泥水化进程加快,进一步加快了 C-A-H 与石膏的化学反应,吸收了大量自由水生成微细状的含水硫铝酸钙,而硫铝酸钙结晶后,晶体又继续变大(即膨胀),自由水不断减少,自由水所占的空间被水化硫铝酸钙所填充,使得胶结料中各矿物成分水化物的浓度大增,很快形成过饱和溶液析出晶粒,使混凝土(尤其是集料与胶结料的界面)获得更高的密实度,从而提高了混凝土强度。由于纳米 SiO_2 的比表面积比较大,与水拌和后所需吸附水较多,当纳米 SiO_2 掺量过大(掺量大于 3%)时,参加水化的水量减少,反而降低了水泥的水化程度,导致纳米高性能混凝土强度随着纳米 SiO_2 掺量的增加逐渐下降[65]。

4.2.2　钢纤维掺量对纳米混凝土立方体抗压强度的影响

　　钢纤维掺量变化对掺 3% 纳米混凝土抗压强度的影响如图 4-2 所示。由图 4-2 可以看出,在纳米混凝土中加入钢纤维,抗压强度整体是提高的。随着钢纤维掺量从 0.5% 增长到 2.5%,抗压强度呈现先增加后降低的影响规律,2.0% 掺量钢纤维的纳米混凝土抗压性能最优。钢纤维掺量从 0 增长到 2.0% 时,纳米混凝土的抗压强度从 52.3 MPa 增加到最大的 62 MPa,增加幅度达到 18.5%。当钢纤维掺量从 2.0% 继续增大时,纳米混凝土的抗压强度从 62 MPa 降低到 56.7 MPa,但是较不掺钢纤维的纳米混凝土,其抗压强度仍然提高了 8.4%。从试验过程中对试件破坏过程的观测可知,随着钢纤维的加入,试件破坏时脆性声音逐渐减弱,破坏形式显著改变。图 4-3 为不同体积掺量钢纤维纳米混凝土的破坏形态对比。由图 4-3 可知,当试件破坏时,钢纤维掺量为 2.0% 的试件坏而不碎,其试件完整性远好于钢纤维掺量为 0.5% 的试件。

　　钢纤维混凝土可看成是由基相和分散相组成的多相复合材

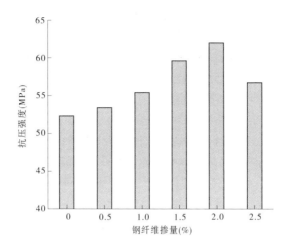

图 4-2 钢纤维掺量变化对掺 3% 纳米 SiO_2 混凝土抗压强度的影响

(a)0.5%体积掺量钢纤维试件　　(b)2.0%体积掺量钢纤维试件

图 4-3 不同体积掺量钢纤维纳米混凝土的破坏形态对比

料,其力学性能受基相和分散相结合面力学性能的影响。钢纤维
混凝土的受压破坏分为四个阶段:砂浆与粗集料结合面解体破坏,
砂与硬化水泥浆结合面解体破坏,硬化水泥浆体解体破坏及钢纤
维逐渐拔出。在此过程中,钢纤维的增强作用从第二阶段(即砂
与硬化水泥浆结合面解体破坏)才开始发挥作用,但此时试件内

裂缝体系已变得不稳定,释放的应变能足以使裂缝自行扩展,试件迅速达到所能承受的最大应力——钢纤维混凝土抗压强度。进入第三阶段后,钢纤维有效阻止裂缝发展,起到了较大的增韧作用。钢纤维对混凝土抗压强度能否起到作用,主要取决于钢纤维在第二阶段的作用,最终取决于混凝土基体性能以及钢纤维与水泥基界面的黏结强度。

　　由于纤维的加入,混凝土在受压过程中的横向膨胀受到约束,从而推迟了破坏进程,对提高抗压性能有利。但对于低强混凝土基体,纤维加入后,增多了界面薄弱层,且纤维体积率越大,界面薄弱层越多。因此,受压后,首先在界面区引起破坏,纤维从基体中被拔出,未能发挥其对基体混凝土的增强效果,只是改变了素混凝土的变形能力和破坏形式;对于高强混凝土基体,由于纤维与混凝土间的界面区得到强化,裂缝形成后,桥架于裂缝间的纤维开始发挥作用,由于纤维与基体间界面黏结力得到提高,使得纤维很难被拔出,从而能充分发挥其对基体混凝土的阻裂、增强、增韧效果。钢纤维加入纳米高性能混凝土后,钢纤维与混凝土基体的黏结强度较高,混凝土基体在受压过程中的横向变形受到乱向分布钢纤维的约束,从而延缓了破坏进程,对提高纳米高性能混凝土的抗压性能有利,使钢纤维对混凝土抗压强度在一定范围内随钢纤维体积率的增大而增加,但钢纤维体积率过大时容易导致混凝土基体内微裂纹增多,反而使基体强度下降[66]。

4.3　抗折强度试验研究

4.3.1　抗折强度试验方法

　　混凝土作为用量最大的建筑材料,其承压能力较强,但是本身具有易脆、抗折能力不强的特点。混凝土构件大多是受弯构件,抗折强度是限制其使用寿命的重要因素,因此对纳米二氧化硅和钢纤维增强混凝土抗折强度进行研究具有重要意义。

本书抗折强度的试验方法参考《公路工程水泥及水泥混凝土试验规程》(JTG E30—2005)[64],试验机为上海华龙仪器股份有限公司生产的抗折试验机,最大量程 1 000 kN,性能检验符合试验要求。试件尺寸为 100 mm×100 mm×400 mm。试件从标准养护室取出后,擦拭干净,检查外观并测量其尺寸,随后按照试验要求画线确定加载位置。加载速度设为 0.03 MPa/s,试验装置如图 4-4 所示,当试件破坏时电脑自动记录最大荷载。

图 4-4　抗折强度试验现场

4.3.2　抗折强度试验结果

混凝土抗折试验共有 11 组配合比,每组配合比 3 块试件,按照上述试验方法进行试验后,经计算得到的纳米 SiO_2 和钢纤维增强混凝土抗折强度值如表 4-2 所示。

表4-2 混凝土抗折强度

试验编号	单个试件抗折强度(MPa)			抗折强度平均值(MPa)
	1	2	3	
00-00	7.04	6.72	7.12	6.96
01-00	7.2	8.3	8.21	7.9
02-00	8.51	8.0	8.79	8.43
03-00	8.74	8.22	9.6	8.86
04-00	8.52	7.98	7.8	8.1
05-00	7.71	7.7	8.51	7.64
03-05	8.69	9.35	9.26	9.1
03-10	9.78	9.24	10.5	9.84
03-15	10.95	11.33	9.65	10.64
03-20	10.78	10.14	9.47	10.13
03-25	8.86	8.66	8.54	8.69

4.3.3 纳米 SiO_2 对混凝土抗折强度的影响

纳米 SiO_2 掺量对混凝土抗折强度的影响如图4-5所示。结合表4-2和图4-5,从数值上分析,当纳米 SiO_2 掺量从1%增长到5%时,其抗压强度分别从6.69 MPa增长到7.9 MPa、8.43 MPa、8.86 MPa、8.1 MPa、7.64 MPa,较基准混凝土依次增长了13.5%、21.1%、27.3%、16.4%、9.8%。纳米 SiO_2 掺量为3%的混凝土的抗折强度最高,抗折强度达到8.86 MPa,较基准混凝土提高了27.3%。尽管在试验设计掺量范围内,纳米 SiO_2 的加入使混凝土抗折强度的变化呈现先增大后减小的规律,但整体上提高了混凝土的抗折强度,其增强效果明显。纳米 SiO_2 加入混凝土中会产生晶核效应和钉扎效应,可以参与水化反应生成 C-S-H 凝胶,阻碍裂缝的发展,起到增强增韧的作用。纳米 SiO_2 与水泥水化产物 $Ca(OH)_2$ 反应生成 C-S-H 凝胶,填充在混凝土的空隙中,提高了混凝土结构的密实性;纳米 SiO_2 具有特殊的网状结构,能在水泥浆体原有的网络结构的基础上建立一个新的网络,有效阻住了混凝土内部微裂纹的扩展,提高了混凝土抗折强度。

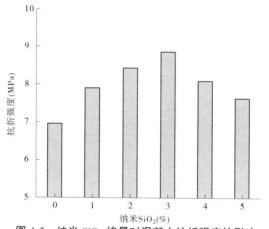

图 4-5　纳米 SiO_2 掺量对混凝土抗折强度的影响

4.3.4　钢纤维对纳米混凝土抗折强度的影响

图 4-6 为钢纤维和纳米 SiO_2 增强混凝土试件在标准养护室养护 28 d 后,其抗折强度和钢纤维体积掺量的关系图。由图 4-6 中可知,钢纤维体积掺量在 0~2.5%时,随着钢纤维掺量的增加,抗折强度呈现先增大后减小的变化规律。掺量为 1.5%的纳米混凝土抗折强度最大,达到 10.64 MPa,较基准纳米混凝土强度提高了 1.78 MPa,提高了 20.1%,增韧效果明显。当钢纤维掺量大于 1.5%时,随着钢纤维掺量的进一步增加,纳米混凝土的抗折强度开始下降,当掺量增加到 2.5%时,纳米混凝土抗折强度反而比未

掺钢纤维的纳米混凝土下降了 0.17 MPa。

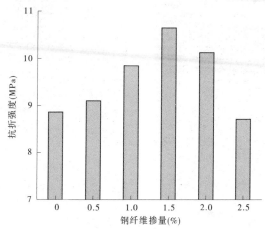

图 4-6   钢纤维掺量对掺 3% 纳米 SiO_2 混凝土抗折强度的影响

图 4-7 为钢纤维增强纳米混凝土和未掺钢纤维纳米混凝土破坏形态的对比。从试验现场观测到的破坏过程可知,一方面,钢纤维增强纳米混凝土破坏时几乎没有声音,而纳米混凝土的破坏伴随着断裂产生较大声响,表现出一定的脆性,钢纤维的加入改善了试件的破坏形态;另一方面,由图可知未掺钢纤维的纳米混凝土试件破坏时,试件在两支点间完全断裂成两段,呈脆性破坏,而钢纤维增强纳米混凝土试件破坏时试件相对完整,仅表面产生肉眼可见的裂缝,从试件下表面扩展至上表面,试件完全从脆性破坏转化为延性破坏,破坏形态得到根本的转变。

综上,由试件抗折强度变化规律和破坏形态的分析可知,一定掺量的钢纤维可以显著提高纳米混凝土的抗折性能,改善纳米混凝土的破坏形态,保证混凝土试件破坏时的相对完整性。然而过量的钢纤维影响了纳米混凝土的和易性,使钢纤维分散不均匀,增加了纳米混凝土拌和及振捣过程中产生缺陷的可能性,最终导致纳米混凝土抗折性能下降。

(a)未掺钢纤维纳米混凝土　　　　(b)1.5%掺量钢纤维纳米混凝土

图4-7　纳米混凝土抗折破坏形态

4.4　劈裂抗拉强度试验研究

混凝土抗拉强度是混凝土基本力学性能之一,是多种混凝土结构工程设计与工程质量检验和验收的重要标准[67]。混凝土抗拉强度分为直接抗拉强度和劈裂抗拉强度两种。由于直接抗拉强度测试对试验条件要求较高,一般以劈裂抗拉强度作为评价指标,故本试验研究采用混凝土的劈裂抗拉强度作为抗拉强度。

4.4.1　劈裂抗拉强度试验方法

抗拉强度试验参照《公路工程水泥及水泥混凝土试验规程》[64],试验机为上海华龙仪器有限公司生产的液压伺服试验机,最大量程2 000 kN,性能检验符合试验要求。试件尺寸为150

mm×150 mm×150 mm,从标准养护室取出后,擦拭干净,检查外观
并测量其尺寸,随后按照试验要求划线确定加载位置,加载面应与
试件浇筑面垂直。在电脑上正确设置试验参数,加载速度设为
0.05 MPa/s,试验装置如图4-8所示,当试件破坏时电脑自动记录
数据。

图 4-8　混凝土试件劈裂抗拉强度试验

4.4.2　劈裂抗拉强度试验结果

　　本试验主要研究纳米 SiO_2 掺量和钢纤维掺量对混凝土劈裂
抗拉强度的影响,试验共有 11 个配合比,每个配合比 3 个试件,按
照规范的要求制作、养护、处理试件,在 28 d 养护龄期后及时测试
试件的劈裂抗拉强度,每组中取三个试件强度值的算数平均值作
为劈裂抗拉强度,测试结果如表4-3所示。

表 4-3　混凝土劈裂抗拉强度

试验编号	单个试件抗拉强度（MPa）			劈拉强度均值（MPa）
	1	2	3	
00-00	3.92	3.89	3.53	3.78
01-00	4.41	4.58	3.96	4.32
02-00	4.69	4.51	4.34	4.51
03-00	3.81	4.26	3.93	4.00
04-00	3.82	3.94	4.01	3.92
05-00	3.71	3.68	3.41	3.60
03-05	4.27	4.89	5.01	4.72
03-10	6.15	7.25	5.23	6.21
03-15	7.01	7.65	6.64	7.10
03-20	6.50	6.58	6.67	6.58
03-25	5.74	5.68	5.19	5.54

4.4.3　纳米 SiO_2 对混凝土劈裂抗拉强度的影响

纳米 SiO_2 掺量变化对混凝土劈裂抗拉强度的影响如图 4-9 所示。随着纳米 SiO_2 掺量的增加，混凝土劈裂抗拉强度呈先增大后减小的趋势，纳米 SiO_2 的加入整体上提高了混凝土的抗拉强度。具体分析，纳米 SiO_2 在本书试验掺量范围内，当掺量从 0 增长到 5% 时，混凝土劈裂抗拉强度比在 0.95~1.19，当纳米 SiO_2 掺量为 2% 时，混凝土劈裂抗拉强度达到最大 4.51 MPa，增幅为 19%。当掺量大于 2% 时，随着纳米 SiO_2 掺量的增加，混凝土劈裂抗拉强度出现下降的趋势。当纳米 SiO_2 掺量增大到 5% 时，纳米混凝土的劈裂抗拉强度降低到 3.6 MPa，与基准混凝土相比降低了 5%,因而,过量的纳米 SiO$_2$ 降低了混凝土抗拉性能。

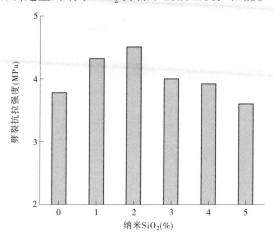

图 4-9 纳米 SiO$_2$ 掺量变化对混凝土劈裂抗拉强度的影响

4.4.4 钢纤维对纳米混凝土劈裂抗拉强度的影响

图 4-10 给出了固定纳米掺量为 3% 时,不同钢纤维体积掺量对纳米混凝土劈裂抗拉强度影响的规律。从表 4-3 和图 4-10 可知,随着钢纤维体积掺量的变化,纳米混凝土劈裂抗拉强度在 4 ~ 7.1 MPa,钢纤维掺量对纳米混凝土劈裂抗拉强度影响效果明显,仅 0.5% 体积掺量的钢纤维就能提高纳米混凝土抗拉强度 18%。当钢纤维体积掺量为 1.5% 时,纳米混凝土劈裂抗拉强度达到 7.1 MPa,增幅达到 78%。这是因为钢纤维有效阻止了混凝土中裂缝的扩展,进而提升了混凝土抗拉性能。随着钢纤维体积掺量继续增大,混凝土基体内缺陷增多,抗拉强度有所降低,在本试验中钢纤维掺量大于 1.5% 后,纳米混凝土抗拉强度开始下降。当钢纤维体积掺量增加到 2.5% 时,抗拉强度较最大值下降了 1.56 MPa,但仍高于未掺钢纤维的纳米混凝土,增幅为 39%。

图 4-11 为未掺钢纤维和掺钢纤维的纳米混凝土劈拉破坏形

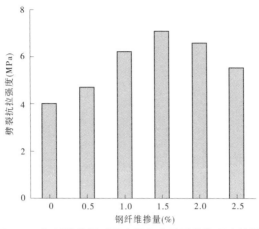

图 4-10   钢纤维掺量对纳米混凝土劈裂抗拉强度的影响

态对比,由图 4-11 可知,未掺钢纤维的纳米混凝土在荷载作用下破坏时,试件从中心位置分裂成两半,形成断裂式破坏。掺钢纤维的纳米混凝土试件在劈裂荷载作用下破坏时,试件侧面有可见的裂缝出现,但是试件整体较完整,没有断裂式破坏特征。

(a)未掺钢纤维纳米混凝土   (b)1.5%掺量钢纤维纳米混凝土

图 4-11   纳米混凝土劈拉破坏形态对比

综上可知,一定掺量的钢纤维不仅可以显著提高纳米混凝土的劈裂抗拉强度,还可以改善纳米混凝土的破坏形态,使纳米混凝土构件破坏时保持完整性,减少崩脆性断裂破坏的产生。

4.5　小　结

本章基于纳米 SiO_2 和钢纤维增强混凝土的抗压强度、抗折强度和劈裂抗拉强度试验,分析了纳米 SiO_2 掺量和钢纤维掺量对混凝土基本力学性能的影响。

(1)随着纳米 SiO_2 掺量的增加,混凝土抗压强度、抗折强度和劈裂抗拉强度均呈现先增大后减小的趋势,表明一定掺量的纳米 SiO_2 可以提高混凝土的抗压强度、抗折强度和劈裂抗拉强度,纳米 SiO_2 掺量过大时会降低混凝土的基本力学性能。对抗压强度和抗折强度而言,纳米 SiO_2 最佳掺量为3%;对劈裂抗拉强度而言,纳米 SiO_2 最佳掺量为2%。

(2)在本章试验钢纤维体积掺量范围内,当纳米 SiO_2 掺量为3%时,随着钢纤维的掺入,纳米混凝土的基本力学性能得到显著的改善。对抗压强度而言,钢纤维的最佳体积掺量为2%,当体积掺量在2%以下时,随着钢纤维掺量的增加,抗压强度不断增大;当体积掺量大于2%时,抗压强度逐渐下降。对抗折强度和劈裂抗拉强度而言,钢纤维的最佳体积掺量为1.5%,当体积掺量在1.5%以下时,随着钢纤维掺量的增加,抗折强度和劈裂抗拉强度不断增大;当体积掺量大于1.5%时,抗折强度和劈裂抗拉强度逐渐下降。

(3)钢纤维的加入可以显著改善纳米混凝土的破坏形态,可使试件由脆性破坏转变为塑性破坏,同时保证试件破坏时的完整性。

第 5 章　纳米粒子和钢纤维增强
混凝土抗渗性能研究

5.1　引　言

抗渗性能是评价混凝土耐久性的重要指标,尤其是地下工程和水工结构工程。对于钢筋混凝土结构而言,渗入其中的水会腐蚀钢筋,锈蚀的钢筋膨胀会加快混凝土裂缝发展,尤其是港口、海岸工程受到氯盐腐蚀危害更加明显。因此,混凝土抗渗性能是结构设计的重要参数,抗渗性能影响着结构的使用年限和可靠度。研究影响混凝土抗渗性能的因素,可以有针对地采取措施提高混凝土结构的抗渗性能,延长结构的使用年限,有巨大的经济效益和社会效益。

本章中采用的纳米 SiO_2 质量掺量为 1%、3%、5%、7% 和 9%,钢纤维体积掺量为 0.5%、1.0%、1.5%、2.0%、2.5%。

5.2　试验方法

所需试验设备:混凝土抗渗仪 HP - 40、数显式压力试验机(YA - 2000B)、钢刷、烘箱、石蜡、浅盘、梯形板、钢垫条、记号笔。

5.2.1　逐级加压法

此方法适用于通过逐级施加水压力来测定以抗渗等级评价混凝土抗水渗性能。试验开始时,水压从 0.1 MPa 开始,每过 8 h 增加 0.1 MPa,并观察试件上端面是否有水渗出[68]。当 6 个试件中有 3 个及以上的试件渗水或加至设计水压 8 h 内渗水的试件少于 3 h,试验停止。试验过程中如有试件渗水,则应重新密封。混凝土的抗渗等级按式(5-1)计算:

$$P = 10H - 1 \qquad (5\text{-}1)$$

式中　P——抗渗等级;

　　　H——6 个试件中 3 个渗水时的水压力,MPa[69]。

5.2.2　渗透高度法

本方法适用于以混凝土在恒定压力下的渗水高度值表示混凝土的抗水渗性能。试验开始时即将水压调至(1.2±0.5)MPa,稳压 24 h[70],劈开测其渗水高度,渗水高度计算式如下:

$$h_i = \frac{1}{10} \sum_{j=1}^{10} h_j \qquad (5\text{-}2)$$

式中　h_j——第 i 个试件第 j 个测点的渗水高度,mm;

　　　h_i——第 i 个试件的渗水高度,mm。

一组试件的渗水高度为该组 6 个试件渗水高度值的算术平均值:

$$h = \frac{1}{6} \sum_{i=1}^{6} h_i \qquad (5\text{-}3)$$

式中　h——该组试件的渗水高度,mm。

本试验采用渗透高度法来测试混凝土试件的抗渗性能。

5.2.3　试验过程

浇筑好的试件静置 24 h 后脱模、编号,放入标准养护室,到达养护龄期前一天将试件取出,用钢刷去除试件底面的浮浆,将试件表面擦拭干净。试验的关键环节是试件的密封,本试验尝试过密封胶、橡胶圈、水泥黄油和石蜡几种方法。

(1)密封胶(见图 5-1)即室内装饰装修时用于门窗玻璃密封、防水的材料,其应用比较广泛。把密封胶均匀地涂抹于试件套内表面、刮平，将试件平稳缓慢地放入试件套，将试件套放到压力机上，把试件压入试件套。该方法密封效果良好，但缺点是密封胶凝结时间较长(24 h)，试验结束后存留在试件套上的密封胶较难清除，此外密封胶的价格相对较贵。

(2)本试验尝试用半圆形橡胶圈(见图 5-2)密封，先将密封圈套在试件上，然后将试件压入试件套中。此种方法密封效果不佳，原因是在试件压入过程中橡胶圈会滚动，造成密封效果不好。

图 5-1　密封胶

图 5-2　半圆形橡胶密封圈

(3)将水泥和黄油按一定的比例混合，拌匀后均匀地涂抹在试件表面，随后将试件压入试件套中。试验中采用此种密封方法效果不佳，其原因一是水泥、黄油的种类不同，最佳比例很难掌握；二是工作量较大。

(4)最终，本试验采用石蜡密封。融化石蜡的温度不宜过高，因为石蜡温度过高会比较稀，试件滚过之后表面的蜡封较薄。试件套也要预热，预热温度以石蜡接触试件套石蜡融化而不下流为宜。经反复试验得到了合适的密封程序：首先将试件和石蜡放入70 ℃烘箱1 h，随后取出试件套，试件悬空滚3~4圈石蜡后快速放入试件套，置于压力机上，手动将试件压入试件套中(见图5-3)。待石蜡冷却后卸载，取下试件套。

试验前先向水箱中注水，试件准备好后启动试验机并打开6个试位对应的阀门排出管道内空气，当有水渗出并充满试位槽时关闭阀门。将试件套对准放好,对向拧紧试件套上的 6 个螺栓,依次固定好 6 个试件后,加压至 1.2 MPa 稳压 24 h,混凝土抗渗仪如图 5-4 所示。在试验过程中,如发现有水在试件顶面边缘渗出,应停止试验,重新密封[71]。此外,还要注意水箱中液面变化,及时加水。试验结束后及时将试件取出用压力机劈开,用记号笔描出水痕(见图 5-5)。用梯形板读取每个试件 10 个测点的渗水高度(见图 5-6),取算术平均值作为单个试件的渗水高度[68]。

图 5-3　将试件压入试件套

图 5-4　混凝土抗渗仪

图 5-5　将试件劈开后描出水痕

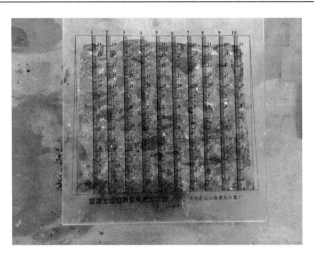

图 5-6　借助梯形板读取试件渗水高度

根据式（5-2）和式（5-3）计算出各组试件的渗水高度，见表 5-1、表 5-2。

表 5-1　纳米 SiO_2 掺量对混凝土渗水高度的影响

试验编号	渗水高度(mm)
00-00	21.6
01-00	19.3
03-00	14.2
05-00	9.6
07-00	11.7
09-00	17.9

表 5-2　不同钢纤维掺量对纳米混凝土渗水高度的影响

试验编号	渗水高度(mm)
05-00	9.6
05-05	12.9
05-10	13.8
05-15	14.2
05-20	21.4
05-25	22.3

5.3　试验结果与分析

5.3.1　纳米 SiO_2 对混凝土抗渗性能的影响

由图 5-7 可以看出,在混凝土中加入纳米 SiO_2 可以明显提高混凝土的抗渗性能,纳米 SiO_2 的掺量从 0 到 9%增加过程中混凝土的渗水高度呈现先减小后增大的趋势,当纳米 SiO_2 掺量为 5%时渗水高度为 10.9 mm,对混凝土抗渗性能提高效果最明显。纳米 SiO_2 掺量为 5%时的渗水高度相比于基准混凝土降低了48.6%,掺量从 0 到 5%增加过程中,混凝土的渗水高度基本呈线性递减,说明在此掺量范围内纳米 SiO_2 能稳定地发挥作用。当纳米 SiO_2 掺量超过 5%后,试件的渗水高度明显增长,掺量 9%时的渗水高度为 17.9 mm,比掺量为 5%时增加了 64.2%,但依然小于基准混凝土的渗水高度。

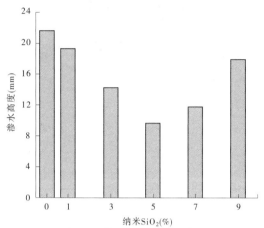

图 5-7 纳米 SiO_2 掺量对混凝土抗渗性能的影响

由于纳米 SiO_2 的粒径极小(30 nm),可以填充混凝土内部的孔隙和毛细管,提高混凝土的密实度,阻止水进入混凝土内部的通道,从而增强了混凝土的抗渗性能。由前面章节纳米混凝土抗压强度结果分析可知,超过最佳掺量后继续增加纳米 SiO_2 的掺量,纳米 SiO_2 会出现团聚现象,由于纳米 SiO_2 比表面积大,会吸附部分水泥水化所需用水,这会导致混凝土内部孔隙增多,密实度下降,缺陷增多,从而导致混凝土的抗渗性能降低。

5.3.2 钢纤维对纳米混凝土抗渗性能的影响

由图 5-8 可以看出,在纳米混凝土中掺入钢纤维对混凝土的抗渗性能产生不利影响,混凝土的渗水高度随着钢纤维体积掺量的增加而逐渐增大。当体积掺量小于 1.5% 时渗水高度增加不明显,而当钢纤维体积掺量大于 1.5% 后渗水高度显著增大。钢纤维体积掺量为 2.5% 的混凝土比未掺钢纤维的基准混凝土渗水高度增加了 104.6%。

根据材料的力学性能可知,钢纤维比混凝土的弹性模量大,因

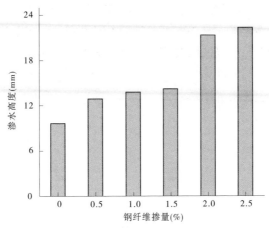

图 5-8 钢纤维掺量对纳米混凝土抗渗性能的影响

此钢纤维的掺入能够增加混凝土的抗拉强度,进而有效地抑制初期收缩裂缝的形成和发展,降低混凝土的孔隙率,这也是目前大部分研究者认为掺入适量的钢纤维可以提高混凝土的抗渗性能的原因。然而,掺入的钢纤维通过大量占用水泥浆的方式降低了混凝土的流动性,从而导致混凝土的孔隙率增加、密实性下降,因而钢纤维的掺入使得纳米混凝土抗渗性能下降,这说明试验的主导因素是钢纤维的不利作用。一定量的水泥浆包裹钢纤维和集料后的界面与只包裹集料的界面相比更薄更弱,所以更容易形成微小裂缝,这样就大大提高了混凝土的渗透性。

5.4 小 结

(1)掺入纳米 SiO_2 后混凝土的抗渗性能有所提高,但随着掺量的增加其抗渗性能呈现先增强后减弱的趋势,其中掺 5% 的纳米 SiO_2 时混凝土抗渗性最好,渗水高度相比于基准混凝土降低了 48.6%。

　（2）掺入钢纤维后降低了纳米高性能混凝土的抗渗性能，掺量在0~1.5%，混凝土的抗渗性能降低不明显；但当钢纤维掺量达到2.0%时，渗水高度比基准混凝土增加了104.6%。

第6章 纳米粒子和钢纤维增强
混凝土抗冻性能研究

6.1 引　言

　　混凝土冻融破坏是指混凝土在高温和低温交替变化过程中发生剥落,动弹性模量降低直至破坏的现象。我国幅员辽阔、纬度跨度大,30%左右的国土面积处于高寒地区,尤其是随着人类活动范围的不断扩大,港口、桥梁和其他近海工程遭受着冻害的破坏。混凝土并不是良好的抗疲劳材料,冻融破坏属于疲劳破坏的一种。混凝土抗冻性能是指在水饱和状态下经过冻融循环后保持原有外形和强度的能力。到目前为止,有关冻融破坏的机制尚未完全清楚;对于如何提高混凝土结构的抗冻融性问题还未得到根本解决。因此,对于混凝土的冻融破坏机制及提高其抗冻性措施还有待进一步研究[53]。

　　混凝土盐冻破坏的机制过程非常复杂[72],与普通水引起的冰冻破坏相比,盐的存在引起的冰冻破坏,不仅包含了物理破坏,还有化学破坏。物理破坏指盐的存在增加了混凝土的保水能力,使混凝土内部渗透压增大,加剧了混凝土的破坏。化学破坏是指除冰盐可以和活性集料发生碱集料反应,氯化钙和氢氧化钙发生反应生成复盐,破坏了 C-S-H 凝胶的状态,促进混凝土表面剥落,破坏混凝土的抗冻性。自从意识到混凝土的冻融破坏可产生严重后果以来,各国学者针对混凝土冻融破坏做了大量的研究。纳米 SiO_2 和钢纤维掺入混凝土后,对混凝土的耐久性有较大的影响,但是纳米 SiO_2 和钢纤维对盐冻破坏的影响及相关机制不明确。

　　鉴于此,本书将分别通过快冻法和单面冻融法研究纳米 SiO_2 和钢纤维对混凝土抗冻性能的影响,并分析其影响机制。

6.2　试验方法

6.2.1　慢冻法

　　慢冻法适用于测定混凝土试件在气冻水融条件下,以试件经受的冻融循环次数来评价混凝土的抗冻性能。采用尺寸为 100 mm×100 mm×100 mm 的立方体试件,试件在标准养护室中养护 24 d 后取出放入(20±2)℃水中浸泡,浸泡液面至少高出试件 20 mm。在水中浸泡 4 d 后取出试件擦干表面水分,检查试件外观质量并编号、称重,按照编号放在试件架上,试件之间至少保留 30 mm 空隙,试件与箱体内壁至少保留 20 mm 空隙,试件与试件架接触面积不宜超过试件底面面积的 1/5[73]。从装完试件到箱内温度降到-18 ℃的试件的时间应控制在 1.5~2 h 内,冷冻时间从温度降到-18 ℃时开始算起,每次冻融循环的冷冻时间不少于 4 h,冷冻期间箱内温度控制在-20~-18 ℃。随即加入 18~20 ℃的水,加水时间控制在 10 min 内,水液面至少高出试件表面 20 mm,融化时间不少于 4 h,融化结束视为一个冻融循环结束,进入下一个冻融循环[74]。

　　试验过程中应经常观察试件的外观变化,发现严重破坏时应进行称重,当一组试件的质量损失超过 5% 时,可以停止该组冻融循环。到达规定的循环次数后,进行抗压强度试验。测试抗压强度前应称重并进行外观检查,如果试件表面破损严重,应先用石膏找平后再进行抗压试验[75]。

混凝土试件冻融试验后按式(6-1)计算其强度损失率:

$$\Delta f_{\mathrm{c}} = \frac{f_{\mathrm{co}} - f_{\mathrm{cn}}}{f_{\mathrm{cn}}} \times 100\% \qquad (6\text{-}1)$$

式中 Δf_{c}——冻融循环后的混凝土强度损失率,以每组试件的平
均值计算(%);

f_{co}——对照试件的抗压强度平均值,MPa;

f_{cn}——冻融循环后试件的抗压强度平均值,MPa。

混凝土冻融试验后平均质量损失率按式(6-2)计算:

$$\Delta W_{\mathrm{c}} = \frac{W_{\mathrm{co}} - W_{\mathrm{cn}}}{W_{\mathrm{cn}}} \times 100\% \qquad (6\text{-}2)$$

式中 ΔW_{c}——冻融循环后的混凝土质量损失率(%);

W_{co}——对照试件的质量平均值,g;

W_{cn}——冻融循环后试件的质量平均值,g。

6.2.2 快冻法

本书中采用了快冻法进行混凝土抗冻性的研究,此方法适用
于混凝土试件在水冻水融条件下,以试件经受冻融循环次数来评
价混凝土的抗冻性能。采用尺寸为 100 mm×100 mm×400 mm 的
立方体试件。除制作冻融试件外,还需制备同样尺寸中间有孔的
测温试件,测温试件所用混凝土的抗冻性能应高于冻融试件。试
件在标准养护室养护 24 d 后取出放入(20±2)℃水中浸泡,浸泡
液面至少高出试件 20 mm,在水中浸泡 4 d 后取出试件擦干表面
水分,编号、称重并测量其动弹性模量。将试件装入试件盒中,试
件盒由 1~2 mm 厚的橡胶制作成,其净截面尺寸为 110 mm×110
mm,高度应比试件高 50~100 mm(见图 6-1)。把试件盒放入冻融
箱内,其中装有测温试件的试件盒放在中心位置。在试件盒中加
入水至高出试件 10~20 mm,测温试件盒内加入防冻液。将温度
传感器分别插入测温试件和防冻液中(见图 6-1)。此时可开始冻

融循环,每次冻融循环应在 2~4 h 内完成,其中用于融化的时间不小于整个冻融试件的1/4,在冻结和融化终了时,试件中心温度应分别控制在(-17±2)℃和(8±2)℃。冻和融之间的转换时间不宜超过 10 min。为了保证试件在冻结时温度稳定均衡,当有一部分试件停止冻融取出时,应用其他试件填充空位。

图 6-1　将试件盒放入冻融箱中

每隔25次冻融循环将试件取出清洗干净(见图 6-2),擦去表面存水,称重并测量其动弹性模量。测完后,应更换试件上下底面重新装入试件盒。

冻融达到以下三种情况之一即可停止试验:

(1)已达到 300 次冻融循环。

(2)相对动弹性模量下降到60%以下。

(3)质量损失率达到5%。

图6-2　将试件清洗干净

混凝土试件冻融后的质量损失率按式(6-3)计算:

$$\Delta W_{\mathrm{c}} = \frac{W_{\mathrm{co}} - W_{\mathrm{cn}}}{W_{\mathrm{cn}}} \times 100\% \tag{6-3}$$

式中　ΔW_{c}——冻融循环后的混凝土质量损失率(%);

　　　W_{co}——对照试件的质量平均值,g;

　　　W_{cn}——冻融循环后试件的质量平均值,g。

6.2.3　单面冻融法

本书中同样采用了单面冻融法研究混凝土在盐冻下的抗冻性能。单面冻融试验适用于混凝土大气环境中经受盐冻的条件下,以混凝土经受的冻融循环次数或者单位面积表面剥落质量或超声波相对动弹性模量来评价混凝土的抗冻性能。单面冻融试验使混凝土单一表面处于冻融环境,其试验环境更接近混凝土实际冻融破坏环境。单面冻融试验采用尺寸为 150 mm×150 mm×150 mm 的立方体试件,试验之前将试件切割成尺寸为 150 mm×110 mm×70 mm 的标准试件。

本试验采用中国建筑科学研究院研制的全自动混凝土单面冻融试验机,试验过程全程自动化处理,同时可以在面板上随时观察试验曲线。动弹性模量仪采用 DT-20W 型,输出频率可以自由调整。具体试验过程如下:

(1)混凝土试件浇筑过程中,采用 150 mm×150 mm×150 mm 的立方体试模,按照要求在两侧插入聚四氟乙烯板。试件浇筑完成后,在常温下静置 24 h,之后拆模、编号放入标准养护室水池中养护 7 d。当养护至 7 d 后,将试件切割成尺寸为 150 mm×110 mm×70 mm 的长方体,然后放在标准养护室中养护至 28 d。

(2)试验前 3 d,将试件侧面进行密封处理,保留接触聚四氟乙烯板的侧面和其相对侧面不密封,接触聚四氟乙烯板的侧面作为测试面。

(3)密封好的试件应放置在试件盒中,注入质量比为 97% 蒸馏水和 3% 氯化钠盐溶液进行预吸水,时间为 7 d。

(4)预吸水完成后,测量试件的相对动弹性模量。然后将试件放入试件盒,重新注入盐溶液,试件盒放入冻融试验箱中,设置好参数进行冻融循环,冻融循环试验现场如图 6-3 所示。

(5)本试验通过测定混凝土的相对动弹性模量来评价混凝土的抗冻性能,按照试验设计的要求,4 次、16 次、28 次冻融循环后分别测试其相对动弹性模量。

6.2.4　动弹性模量测试

本方法适用于测定混凝土的动弹性模量以检验混凝土在经受冻融和其他腐蚀后受破坏的程度,并以此评定混凝土的耐久性能。

图 6-3 混凝土单面冻融循环试验现场

混凝土动弹性模量的测试采用共振法混凝土动弹性模量测定仪,输出频率可调范围为 100~20 000 Hz,输出频率应能使试件产生受迫振动,以便能用共振的原理定出时间的基频振动频率。动弹性模量测定仪的基本工作原理如图 6-4 所示。

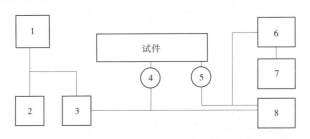

1—振荡器;2—频率计;3—放大器;4—激振换能器;
5—接收换能器;6—放大器;7—电表;8—示波器

图 6-4 动弹性模量测定仪工作原理

测试前将动弹性模量测定仪组装好,将试件放在 20 mm 厚的硬橡胶或软泡沫塑料垫上,动弹性模量测定仪的发射端和接收端探头分别对准之前在试件上划好的测点(见图6-5和图6-6),为了使探头与试件接触良好,在两个测点处涂抹凡士林。试验中采用自动测量方式,为减少试验结果误差,取两次测量的平均值作为试件的动弹性模量[76]。

混凝土试件的相对动弹性模量按式(6-4)计算:

$$P = \frac{f_n^2}{f_0^2} \times 100\% \qquad (6-4)$$

式中　　P——经 n 次冻融循环后试件的相对动弹性模量,以 3 个
　　　　　试件的平均值计算(%);

　　　　f_n——经 n 次冻融循环后试件的横向基频,Hz;

　　　　f_0——冻融循环前测得的试件横向基频初始值,Hz。

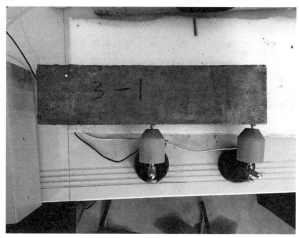

图 6-5　测试端头的布设

图6-6　动弹性模量测试装置

6.3　快冻法试验结果与分析

6.3.1　纳米 SiO_2 对混凝土抗冻性能的影响

掺入纳米 SiO_2 在一定程度上可以提高混凝土的抗冻性能,具体数据见表6-1和图6-7。

表6-1　掺纳米 SiO_2 混凝土相对动弹性模量　　　　（％）

试件编号	00-00	01-00	03-00	05-00	07-00	09-00
0 次	100	100	100	100	100	100
25 次	89.5	92.3	95.4	93.1	92.7	80.7
50 次	79.6	81.1	85.6	59.1	52.3	31.0

续表 6-1

试件编号	00-00	01-00	03-00	05-00	07-00	09-00
75 次	54.2	61.1	63.1	—	—	—
100 次	—	37.9	43.5	—	—	—

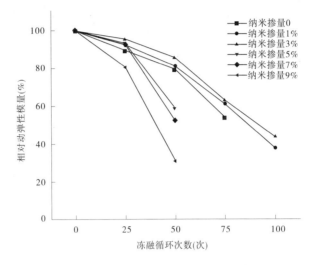

图 6-7　纳米混凝土动弹性模量变化趋势

由表 6-1 可以看出,试件 01-00、03-00 冻融循环至 100 次试
验终止,试件 00-00 冻融循环至 75 次终止,试件 05-00、07-00、
09-00 冻融循环至 50 次破坏。冻融循环至 25 次,只有 00-00、
09-00 两组试件的相对动弹性模量降低到 90% 以下,较低掺量纳
米 SiO_2 的掺入可提高混凝土冻融试件发生冻融破坏时的冻融循
环次数,但较大掺量纳米 SiO_2 的掺入反而会降低混凝土冻融试件
发生冻融破坏时的冻融循环次数。在混凝土冻融试件冻融循环次
数相同时,较低掺量纳米 SiO_2 的掺入可提高冻融试件的相对动弹
性模量,且纳米 SiO_2 掺量越大,混凝土相对动弹性模量越高;但较

大掺量纳米 SiO_2 的掺入却降低了冻融试件的相对动弹性模量,且纳米 SiO_2 掺量越大,混凝土相对动弹性模量越低。因此,纳米 SiO_2 对混凝土抗冻融性能的提高存在一个最佳掺量,本试验研究中,此最佳掺量为3%。

　　一方面,在0~25次冻融循环范围内,混凝土的相对动弹性模量较高,混凝土处于冻融循环初期,内部裂缝扩张小,没有明显的破坏或损伤。另一方面,初期的冻融循环过程中孔隙水结冰产生的挤压作用,使混凝土变得更密实,有研究表明混凝土在冻融循环初期动弹性模量相比冻融前会有小幅增长。掺加纳米 SiO_2 可以提高混凝土的抗冻性能,从本试验来看,纳米 SiO_2 掺量为3%时混凝土的抗冻性能最好。过量的 SiO_2 使混凝土孔隙增多,导致内部孔隙水增加,在混凝土冻结过程中孔隙水结冰发生体积膨胀时,产生更大的挤压应力使混凝土受到损伤。另外,密实度较低的混凝土试件在反复冻融循环过程中,内部孔隙更易形成细小的裂缝并贯通,导致力学性能降低和混凝土表面剥落,并产生局部疲劳破坏。

6.3.2　钢纤维对纳米混凝土抗冻性能的影响

　　钢纤维纳米增强混凝土相对动弹性模量见表 6-2,钢纤维纳米增强混凝土动弹性模量变化趋势如图 6-8 所示。

表6-2　钢纤维纳米增强混凝土相对动弹性模量　　（%）

试件编号	05-00	05-05	05-10	05-15	05-20	05-25
0 次	100	100	100	100	100	100
25 次	92.9	93.0	94.5	94.8	94.9	95.6
50 次	57.2	61.3	63.8	65.2	69.1	71.4
75 次	—	—	53.7	56.8	58.8	62.3
100 次	—	—	—	—	—	51.1

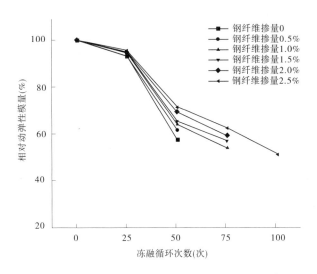

图 6-8　钢纤维纳米增强混凝土动弹性模量变化趋势

　　由表 6-2 可以看出钢纤维的掺入显著地提高了纳米混凝土的
抗冻融性能,且随着钢纤维掺量的增加,纳米混凝土的抗冻融性能
逐渐增强。试件 05-25 冻融循环至 100 次破坏,其余各组试件冻
融循环 75 次后破坏。试件 05-00 相对动弹性模量下降最快,试件
05-25 相对动弹性模量下降最慢。0~25 次冻融循环范围内各组
试件相对动弹性模量下降较小,相对动弹性模量的下降率均在
5%~8%;25~50 次冻融循环范围内各组试件相对动弹性模量均
下降了 20% 以上,其中试件 5-0 相对动弹性模量下降了 31.5%。
由此看出,钢纤维掺量从 0 增加至 2.5% 的过程中,纳米混凝土试
件的抗冻性能越来越好。

　　如图 6-9 和图 6-10 所示,冻融循环 25 次后钢纤维掺量为
2.5% 的混凝土外观要明显优于钢纤维掺量为 1% 的试件。

图 6-9　试件 5-1 冻融循环　　　图 6-10　试件 5-2.5 冻融循环
　　　25 次后外观　　　　　　　　　25 次后外观

由本试验可知,随着钢纤维掺量的增加,纳米混凝土的抗冻性
能不断提高。水泥浆体包裹住掺入的钢纤维,增强了基体与钢纤
维的黏结性,延迟并阻滞了混凝土内部裂缝的发生和发展,从而更
好地约束内部裂缝。当混凝土内部的裂缝充水受冻后膨胀会使裂
缝继续变大,横在裂缝处的钢纤维会起到约束作用,阻止裂缝变
大。但随着冻融循环次数的增加,包裹粗集料的砂浆会不断剥落,
粗集料剥落、试件被破坏。

6.4　单面冻融循环法试验结果与分析

6.4.1　试验结果

本试验设计配合比为 11 组,每组 5 个试件,分别测试混凝土
0 次、4 次、16 次、28 次冻融循环后的相对动弹性模量,取 5 个试件
的平均值作为相对动弹性模量测试值,试验结果如表 6-3 所示。

表 6-3　混凝土相对动弹性模量

试验编号	N 次冻融循环后相对动弹性模量(%)			
	0 次	4 次	16 次	28 次
00-00	100	93.1	83.5	68.6
01-00	100	95	86.1	73.3
02-00	100	98.3	94	83
03-00	100	94	84.1	72.8
04-00	100	91.3	82.1	65.6
05-00	100	90.7	79	59.9
03-05	100	94.3	84.9	81.8
03-10	100	95.6	88.4	84.7
03-15	100	96.6	91.3	88.2
03-20	100	89.5	76.5	71.6
03-25	100	87	74.6	68.7

6.4.2　纳米 SiO_2 对混凝土抗冻性能的影响

图 6-11 分别给出了不同掺量纳米 SiO_2 对混凝土不同冻融循环次数后相对动弹性模量的影响规律。由表 6-3 及图 6-11 可知,对于同一配合比试件,随着冻融循环次数的增加,混凝土相对动弹性模量逐渐下降,同时由图可以观察到下降的幅度呈现逐渐加大的趋势。以纳米 SiO_2 掺量为 5%的混凝土试件为例,当冻融循环次数为 4 次时,相对动弹性模量只下降了不到 10%;而当冻融循环次数达到 28 次时,相对动弹性模量已经下降到 60%以下,说明混凝土相对动弹性模量随着冻融循环次数的增加急速下降,而不是线性下降。对于不同配合比试件,纳米 SiO_2 掺量从 0 增加到 5%,

相同冻融循环次数后,混凝土的相对动弹性模量先增大后减小,混凝土抗冻性能先提高后降低,当纳米 SiO_2 掺量为 2% 时,相对动弹性模量最大,表明此配合比混凝土抗冻性能最优。当纳米 SiO_2 掺量超过 2% 时相对动弹性模量呈现下降的趋势,特别是当纳米 SiO_2 掺量为 5% 时,混凝土冻融循环后相对动弹性模量均低于未掺纳米 SiO_2 混凝土,表明过量的纳米 SiO_2 会降低混凝土的抗冻性能。

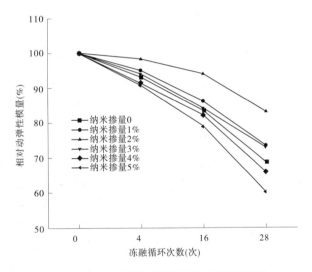

图 6-11　纳米 SiO_2 掺量对混凝土抗冻性能的影响

在混凝土冻融循环初期,一方面,内部尚未产生冻融破坏,微裂缝扩展较小;另一方面,早期冻融循环过程中结冰水的产生会挤压混凝土,增加混凝土的密实度,提高混凝土的相对动弹性模量,而本试验数据结果也表明,4 次冻融循环后,混凝土的相对动弹性模量均在 90% 以上。随着冻融循环次数的增加,混凝土内部出现损伤,裂缝发展迅速,大量的孔隙水产生挤压力使混凝土受到损伤。纳米 SiO_2 掺入后,其细微的纳米粒子可填充混凝土内部孔隙,同时,SiO_2 参与水泥水化生成的 C-S-H 凝胶微粒也可起到填充作用,最终使混凝土内部结构更加密实,因而适量纳米 SiO_2 可提高混凝土的抗冻性能。而过量纳米 SiO_2 的加入由于团聚或未能充分参与水化,反而增加了混凝土的孔隙率,降低混凝土抗冻性能。

6.4.3 钢纤维对纳米混凝土抗冻性能的影响

钢纤维体积掺量对纳米混凝土抗冻性能的影响如图 6-12 所示。由表 6-3 及图 6-12 可知,钢纤维的加入能增加纳米混凝土的相对动弹性模量,显著提高其抗冻性能。在试验设计掺量范围内,随着钢纤维体积掺量的增加,纳米混凝土相对动弹性模量先增大后减小,当掺量为 1.5% 时,纳米混凝土相对动弹性模量最大,表明此配合比混凝土抗冻性能最佳。当掺量大于 1.5% 时,随着钢纤维体积掺量的增加,纳米混凝土的相对动弹性模量开始降低,并且随着冻融循环次数的增加,抗冻性能呈现急剧下降的趋势。

图 6-13 为 1.5% 体积掺量钢纤维的纳米混凝土和 2.5% 体积掺量钢纤维的纳米混凝土经受 28 次冻融循环后的试件外观对比,由图中可明显观察到 1.5% 掺量钢纤维的纳米混凝土表面剥落量更少,外观更加完整。适量钢纤维的加入不仅可以提高纳米混凝土的抗冻性能,还可以提升纳米混凝土破坏时的外观完整性。掺入的钢纤维在混凝土内部与基体相互黏结,阻碍了混凝土内部裂缝的发生和扩展,降低了孔隙率。同时,钢纤维在纳米混凝土经受孔隙水结冰挤压作用时,能够起到承载压力作用,抑制裂缝的进一步扩展。过量的钢纤维则增加了混凝土内部的原生缺陷,促使水分通过钢纤维孔隙进入混凝土内部,造成混凝土由内到外的损伤。

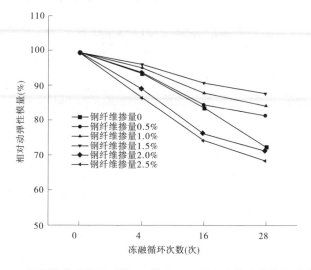

图 6-12　钢纤维体积掺量对掺 3% 纳米 SiO_2 混凝土抗冻性能的影响

(a)1.5%掺量钢纤维的纳米混凝土　　(b)2.5%掺量钢纤维的纳米混凝土

图 6-13　不同钢纤维掺量纳米混凝土冻融循环后外观对比

6.5　小　结

本章通过混凝土快冻和单面冻融试验,揭示了纳米 SiO_2 和钢纤维掺量对混凝土抗冻性能的影响规律,并分析其影响机制,得到如下结论:

(1)冻融循环次数对混凝土有较大的影响,随着冻融循环次数的增加,混凝土相对动弹性模量呈现急速下降趋势。

(2)纳米 SiO_2 能够显著提高混凝土的抗冻性能,但是随着掺量的增加,抗冻性能先提升后降低,存在着最佳掺量。在快冻法试验中最佳掺量为3%,而在单面冻融法中最佳掺量为2%。

(3)钢纤维不仅可以提高纳米混凝土的抗冻性能,还可以提高纳米混凝土冻融破坏时的外观完整性。在快冻试验中,随着钢纤维掺量的增加,纳米混凝土的抗冻性能不断提高;在单面冻融循环中,随着钢纤维体积掺量的增加,纳米混凝土抗冻能力先增强后降低,最佳钢纤维体积掺量为1.5%。

第 7 章　纳米粒子和钢纤维增强混凝土抗碳化性能研究

7.1　引　言

　　混凝土碳化是混凝土受到的一种化学腐蚀,空气中的 CO_2 侵入混凝土内部与水泥石中的碱性物质发生化学反应,生成碳酸钙和其他物质,致使 pH 值降低,为混凝土中的钢筋锈蚀提供了有利条件,所以研究混凝土的抗碳化性能有重要意义。对混凝土的碳化研究有助于了解混凝土碳化机制,阻止或延缓混凝土的碳化进程,提高结构抗碳化性能,有利于延长建筑物的使用寿命。

　　本章中采用的纳米 SiO_2 质量掺量为 1%、3%、5%、7% 和 9%,钢纤维体积掺量为 0.5%、1.0%、1.5%、2.0%、2.5%。

7.2　试验方法

　　所需试验设备包括混凝土碳化试验箱(CCB-70 型)、数显式压力试验机(YA-2000B)、石蜡、浅盘、电磁炉、烘箱、墨斗、钢尺、喷壶、酚酞酒精溶液、洗耳球。

　　本试验分为 4 个碳化龄期,分别是 3 d、7 d、14 d 和 28 d,每个龄期 3 个试件,共 132 个 100 mm×100 mm×100 mm 立方体试件,具体见表 7-1。

表 7-1　混凝土碳化试验内容

试验项目	试验龄期(d)	试件个数	试件尺寸 (mm×mm×mm)	试件总数(个)
碳化试验	3	3	100×100×100	33
碳化试验	7	3	100×100×100	33
碳化试验	14	3	100×100×100	33
碳化试验	28	3	100×100×100	33

　　碳化试验以 3 个试件为一组,在标准养护室养护 26 d 后将试件取出放入干燥箱中,在 60 ℃条件下烘 48 h[77]。除留下一个或相对的两个侧面外,其余表面应用加热的石蜡密封。本试验采用的密封方法是将石蜡放在大小合适的铁盘中,将铁盘放在电炉或电磁炉上加热,温度不宜过高,温度越高石蜡越稀,吸附在石蜡表面的石蜡层越薄,密封效果越不好。需要指出的是,在进行蜡封时,试件浸入石蜡液面以下要尽量浅,停留 2 s,这样既保证了蜡封面的密封效果,也不至于使未蜡封的两个侧面有过多的石蜡。未蜡封的两个侧面上以 10 mm 间距画出平行线,作为碳化深度的测量点。混凝土碳化试件蜡封见图 7-1。

　　在正式试验前要检查试验所需仪器和装置,包括气体分析仪、水箱、压缩机、温湿度传感器、气瓶、压力表和流量计能否正常工作[78]。将需要碳化的混凝土试件放入混凝土碳化试验箱中铁架上进行快速碳化试验,各试件经受碳化的表面之间的间距不小于 50 mm。将碳化箱盖严密封,密封可采用机械方法或油封,不可采用水封,以免影响内部湿度调节。开动箱体内气体对流装置,缓慢充入 CO_2,并根据箱内的 CO_2 浓度调节 CO_2 的流量。碳化箱的参

图 7-1 混凝土碳化试件蜡封

数设定为 CO_2 浓度（20±3）%，湿度（70±5）%，温度（20±5）℃[79]。
如果箱内 CO_2 浓度长时间达不到规范要求的浓度，应停止试验，
检查密闭性。每隔一定时间要对箱内 CO_2 浓度、温度和湿度做一
次测定。一般在前两天每隔 2 h 测定一次，以后每隔 4 h 测定一
次。试验过程中要注意观察碳化箱内各项参数是否在要求范围
内，及时向水箱里加水、更换干燥剂，注意气瓶压力，当压力不足时
要及时更换 CO_2 气瓶保证足够的 CO_2 供应。试验装置见图 7-2。

待试件到相应的碳化龄期后取出，将试件放置于压力试验机
上，未蜡封的两个侧面作为承压面，上下表面对中位置放置钢垫条
（如图 7-3 所示），加压破型测其碳化深度。试件破坏后擦去断面
上残存的粉末，随机喷上浓度为 1% 的酚酞酒精溶液，经 30 s 后，
按原先标划的每 10 mm 一个测量点用钢尺测量侧面各点的碳化
深度，精确至 1 mm，未碳化的部分呈紫色，碳化的部分不变色（如
图 7-4 所示）。如果测点处的碳化分界线上刚好有粗集料颗粒，则
取该粗集料颗粒两侧处的碳化平均值作为该测点的碳化深度值。
取三个试件的碳化深度值得算术平均值作为该龄期的碳化深度，

图 7-2　混凝土碳化试验箱

精确至 0.1 mm。计算公式为：

$$\overline{d_t} = \frac{\sum\limits_{i=1}^{n} d_i}{n} \tag{7-1}$$

式中　d_t——试件碳化 t 天后的平均碳化深度,mm；

　　　　d_i——侧面上各测点的碳化深度,mm；

　　　　n——侧面上的测点总数。

图 7-3　试件破型

图 7-4　混凝土试件碳化后剖面图

7.3　试验结果与分析

　　碳化时间到 3 d、7 d、14 d 和 28 d 时,取出对应试件,破型测其碳化深度。本试验采用立方体试件,在试件中部劈开。立方体试件只做一次检验,劈开后不再放回碳化箱重复使用。试验数据见表 7-2。

表 7-2　纳米粒子和钢纤维增强混凝土碳化试验数据

试验编号	碳化龄期	实测碳化深度(mm)									平均值(mm)
00-00	3 d	2.5	2.8	3.1	3.0	2.6	3.7	1.9	1.1	1.2	2.33
		1.9	3.2	2.6	3.8	2.0	0.6	2.2	1.7	4.5	
		2.8	2.2	2.0	2.7	2.5	0.8	1.9	1.7	2.0	
	7 d	5.1	5.3	4.8	5.5	4.9	5.2	4.8	4.2	5.3	4.83
		5.4	4.3	4.7	5.6	5.0	5.7	4.2	5.3	6.0	
		5.0	3.8	3.2	2.9	5.6	5.4	4.7	4.2	4.3	

纳米粒子和钢纤维增强混凝土耐久性与
抗冲击性能研究

续表 7-2

试验编号	碳化龄期	实测碳化深度(mm)									平均值(mm)
00-00	14 d	5.2	4.3	6.7	7.1	7.2	5.4	5.2	6.9	6.2	5.36
		5.7	4.9	3.9	4.0	4.3	4.8	5.4	5.0	4.2	
		5.0	4.9	6.6	6.9	4.3	4.0	6.8	5.0	4.7	
	28 d	6.4	7.2	8.5	6.8	8.0	7.8	8.5	8.8	10.0	8.76
		8.4	7.6	8.0	9.2	8.5	8.6	10.0	9.9	8.3	
		9.0	8.5	10.0	10.4	8.8	9.7	8.9	10.1	10.6	
01-00	3 d	2.2	1.8	2.5	2.0	1.7	0.8	2.3	1.9	1.7	1.99
		0.1	0.8	1.9	2.6	2.5	1.3	0.6	2.1	1.4	
		2.6	3.1	2.7	1.0	2.7	2.5	2.8	3.2	3.0	
	7 d	4.0	3.2	4.1	2.9	2.2	2.9	3.0	3.1	2.9	3.38
		3.1	3.3	4.0	3.2	2.8	2.9	3.5	3.0	2.8	
		3.8	5.2	3.5	4.2	3.0	4.0	4.1	2.7	3.9	
	14 d	3.7	3.8	3.0	4.5	4.3	3.2	3.6	3.4	4.1	3.93
		4.8	4.3	5.2	4.1	5.9	4.5	4.2	4.0	3.6	
		2.9	3.0	3.5	3.4	2.9	3.8	4.2	4.3	4.0	
	28 d	7.0	7.3	8.8	8.2	9.0	8.7	9.3	8.2	8.0	7.75
		8.0	8.9	7.7	6.2	7.3	9.2	7.4	8.5	9.0	
		7.8	7.3	6.2	5.6	7.1	8.0	6.3	7.7	6.6	

续表 7-2

试验编号	碳化龄期	实测碳化深度（mm）									平均值（mm）
03-00	3 d	1.8	1.4	1.2	1.1	1.7	0.5	0.8	1.0	0.6	1.88
		2.1	1.4	2.9	2.2	2.5	2.0	2.3	2.6	2.1	
		2.0	2.3	2.2	2.6	2.5	2.0	2.3	2.6	2.1	
	7 d	3.6	3.7	3.0	4.0	3.8	3.6	2.9	3.5	3.4	3.79
		4.4	4.0	3.3	4.5	3.6	3.5	4.2	3.7	3.1	
		2.6	6.1	4.4	4.0	3.5	4.2	3.1	3.9	4.8	
	14 d	2.8	4.7	6.2	4.9	3.2	3.7	2.2	3.6	3.0	4.00
		4.7	3.1	3.9	4.6	3.0	2.0	3.3	4.8	5.9	
		3.0	4.0	2.9	3.1	5.4	6.2	6.7	4.1	3.0	
	28 d	6.2	7.6	9.2	7.3	7.0	6.9	6.8	7.3	7.0	7.43
		7.1	7.3	7.0	7.5	8.2	8.0	6.1	5.9	5.0	
		7.2	8.0	9.0	8.7	8.3	9.0	8.2	7.8	7.1	
05-00	3 d	1.9	1.2	1.8	2.0	1.7	1.6	2.5	1.7	1.3	1.77
		1.2	2.3	1.8	1.4	1.7	2.1	2.0	1.9	2.1	
		1.2	1.5	1.1	1.7	1.3	2.0	1.8	2.6	2.3	
	7 d	2.0	1.7	2.1	2.0	2.8	1.5	2.1	0.9	1.1	2.18
		2.0	1.9	2.2	3.1	2.0	3.5	3.0	3.2	2.3	
		2.0	3.0	1.9	4.8	1.9	1.0	1.2	2.2	1.5	

续表 7-2

试验编号	碳化龄期	实测碳化深度（mm）									平均值（mm）
05-00	14 d	2.6	4.8	4.5	4.1	3.0	3.7	4.2	3.9	5.1	3.41
		3.6	3.9	2.8	4.6	3.7	3.9	2.8	3.5	3.9	
		2.9	2.6	2.7	3.0	2.5	2.6	2.4	1.9	2.8	
	28 d	10.8	6.9	7.4	6.8	7.0	7.1	7.3	7.2	6.8	7.18
		5.6	7.2	7.1	7.6	7.1	8.8	7.0	7.1	6.5	
		6.7	6.9	7.8	6.2	6.3	7.2	8.4	6.1	6.9	
07-00	3 d	1.4	1.7	1.3	1.6	3.1	2.0	1.8	1.9	1.5	1.51
		0.9	1.3	1.1	1.8	1.4	1.7	1.3	1.6	3.1	
		0.9	1.2	1.1	1.3	0.9	1.1	1.0	1.3	1.5	
	7 d	2.6	1.7	2.1	2.0	2.8	1.5	2.1	0.9	1.1	2.04
		2.0	1.9	2.2	3.1	2.0	3.5	3.0	1.9	2.4	
		2.3	2.8	1.6	1.9	1.0	1.2	2.2	1.5	1.8	
	14 d	2.9	3.6	2.8	4.6	3.7	3.6	3.0	2.9	2.9	3.58
		3.0	2.5	3.8	3.7	4.1	4.0	4.7	4.2	3.3	
		3.5	3.6	4.0	3.6	3.4	3.1	3.9	4.2	4.0	
	28 d	6.2	5.8	6.7	8.3	8.8	6.9	6.6	8.5	8.2	6.79
		8.0	6.7	7.3	6.0	8.2	7.0	5.2	7.4	7.1	
		5.3	5.4	5.0	6.2	8.1	5.7	6.0	6.5	6.2	

续表 7-2

试验编号	碳化龄期	实测碳化深度(mm)									平均值(mm)
09-00	3 d	3.5	4.5	3.9	4.4	4.8	4.3	5.1	5.2	4.5	4.66
		4.2	3.8	5.0	4.4	5.9	5.5	5.0	4.6	4.5	
		4.2	3.8	3.8	4.0	6.5	6.2	5.3	4.8	4.2	
	7 d	6.8	7.8	6.7	7.1	6.0	7.4	7.0	5.2	5.6	5.68
		6.5	7.2	5.6	4.9	5.0	6.0	6.2	3.3	5.6	
		4.7	4.8	4.2	4.4	4.8	5.1	6.2	4.8	4.4	
	14 d	7.0	5.2	8.0	7.7	6.7	7.1	6.0	6.8	8.0	6.07
		6.2	3.3	7.2	7.2	5.6	5.5	5.0	6.5	7.2	
		6.2	4.8	5.3	5.5	6.0	5.6	4.8	4.7	4.8	
	28 d	8.6	7.7	7.9	8.0	8.8	8.4	10.6	9.0	9.2	8.89
		5.2	8.9	10.4	9.0	8.7	8.6	7.3	8.6	8.0	
		10.3	8.3	11.6	10.0	10.9	8.5	7.9	9.7	9.8	
05-05	3 d	1.3	1.6	0.9	1.3	1.1	1.7	1.4	1.7	1.3	1.71
		1.6	1.9	2.4	2.2	2.6	2.5	2.4	2.0	2.3	
		1.3	1.1	1.8	1.4	1.7	1.3	1.6	2.2	1.6	
	7 d	1.8	1.8	2.4	2.0	2.2	2.4	2.4	2.2	2.5	2.04
		1.9	2.3	2.2	1.6	1.9	1.9	1.2	1.7	1.5	
		1.8	1.7	2.0	2.2	2.4	2.4	2.5	2.2	2.0	

续表 7-2

试验编号	碳化龄期	实测碳化深度（mm）									平均值（mm）
05-05	14 d	3.0	2.5	3.3	3.1	4.2	3.5	3.2	3.2	3.1	2.87
		3.2	3.0	2.7	3.1	2.8	2.6	4.1	2.2	2.6	
		2.7	2.3	1.9	2.5	2.2	2.6	2.6	2.4	3.0	
	28 d	5.0	5.1	6.0	5.6	6.2	7.8	7.9	7.4	7.5	7.06
		7.4	6.8	6.8	7.6	8.1	7.5	6.1	7.8	6.4	
		7.8	8.0	7.6	7.2	7.0	7.7	6.4	8.2	7.8	
05-10	3 d	1.2	0.8	1.1	1.3	1.7	1.5	1.5	1.6	1.4	1.49
		1.8	1.7	2.2	1.3	1.5	1.6	1.5	1.2	1.2	
		1.3	2.0	1.5	1.6	1.8	1.5	1.7	1.6	1.2	
	7 d	1.9	1.2	1.4	1.5	1.8	2.0	2.2	1.9	2.5	1.88
		2.1	2.0	2.3	1.6	1.9	1.5	2.0	2.4	1.4	
		1.8	1.5	2.3	2.5	2.0	1.8	1.7	1.6	2.0	
	14 d	2.1	2.9	2.3	2.2	3.3	3.2	3.5	2.6	3.0	2.59
		2.0	1.9	2.2	2.3	2.4	2.0	2.6	3.5	3.1	
		2.1	1.7	2.6	2.0	2.3	2.6	3.1	3.5	3.0	
	28 d	6.3	5.4	6.5	6.8	7.0	6.6	6.8	6.1	6.4	6.62
		5.6	6.3	5.5	5.1	7.2	6.4	6.7	7.1	6.8	
		6.4	7.2	8.4	8.0	6.9	6.9	7.2	6.5	6.6	

续表 7-2

试验编号	碳化龄期	实测碳化深度(mm)									平均值(mm)
05-15	3 d	1.1	1.3	1.3	1.0	1.2	1.1	0.9	1.0	1.3	1.26
		1.5	1.4	1.3	1.3	1.3	1.8	1.5	1.1	0.9	
		1.3	1.5	1.1	1.2	1.0	1.8	1.6	1.0	1.3	
	7 d	1.6	1.8	1.9	1.9	2.0	1.8	1.5	1.4	1.3	1.67
		1.2	1.3	1.5	1.8	1.8	1.9	1.5	1.8	1.6	
		1.3	1.8	2.2	2.0	1.9	1.8	1.5	1.3	1.6	
	14 d	1.8	2.2	2.4	2.4	3.0	2.7	2.2	2.0	1.9	2.26
		2.5	2.1	3.0	2.8	2.0	1.9	2.2	2.2	2.5	
		2.2	2.3	2.4	2.0	2.0	2.4	2.1	2.0	1.8	
	28 d	5.2	6.1	5.5	5.8	5.9	6.2	6.6	7.2	6.4	6.15
		6.3	5.1	5.4	7.6	6.3	6.3	6.1	7.0	5.6	
		5.0	5.6	6.6	6.9	5.8	6.0	5.6	7.3	6.7	
05-20	3 d	1.3	1.5	1.6	1.8	1.9	2.0	1.8	1.8	1.5	1.57
		1.1	1.3	1.5	1.4	1.2	1.3	1.8	1.6	1.2	
		1.0	1.5	1.5	2.3	2.0	1.8	1.6	1.7	1.4	
	7 d	1.5	2.3	2.3	2.0	1.8	1.7	1.6	2.6	2.2	1.92
		1.3	1.5	1.8	1.8	1.9	1.5	1.8	2.3	1.9	
		1.4	1.5	1.8	2.0	2.2	1.9	2.5	2.4	2.3	

续表 7-2

试验编号	碳化龄期	实测碳化深度（mm）									平均值（mm）
05-20	14 d	3.1	2.2	2.8	3.5	4.2	4.0	3.5	2.9	2.6	3.21
		2.7	3.6	3.8	4.2	3.3	3.2	3.3	3.4	3.2	
		2.8	2.9	3.4	3.5	2.8	3.5	3.3	2.6	2.4	
	28 d	8.2	5.9	6.1	6.7	8.2	7.2	6.9	5.6	7.3	6.88
		5.8	8.3	6.8	6.6	7.1	8.2	7.5	6.0	6.9	
		6.6	6.0	6.9	6.6	6.5	7.2	6.5	6.8	7.3	
05-25	3 d	4.7	2.2	2.9	2.0	2.1	1.7	1.2	1.9	1.8	2.35
		3.5	3.2	3.8	2.1	2.8	2.8	1.7	1.8	2.3	
		2.0	2.5	3.2	1.2	1.8	2.9	2.8	2.5	1.1	
	7 d	2.8	3.2	4.4	5.3	3.8	2.9	3.0	2.7	2.8	3.11
		3.4	2.9	3.9	3.9	4.0	3.8	2.1	2.0	2.8	
		3.0	2.9	3.2	3.9	2.5	2.0	1.9	2.0	2.9	
	14 d	4.8	6.2	3.6	4.2	5.6	4.0	5.2	6.1	6.5	5.15
		4.4	3.0	4.0	3.9	6.4	5.4	5.7	4.0	4.2	
		6.2	5.8	6.3	6.4	4.7	6.0	5.8	6.2	4.5	
	28 d	10.8	9.1	7.4	10.6	6.6	6.4	7.5	7.6	7.0	8.26
		11.6	10.2	7.0	9.2	6.6	7.2	7.4	7.1	6.2	
		7.6	8.5	9.6	7.8	8.9	8.8	9.2	7.9	8.1	

　　根据设计的试验所得结果，可得到纳米 SiO_2 和钢纤维对混凝土抗碳化性能影响的规律分别如图 7-5 和图 7-6 所示。

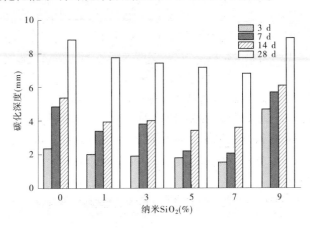

图 7-5　纳米 SiO_2 掺量对混凝土碳化深度的影响

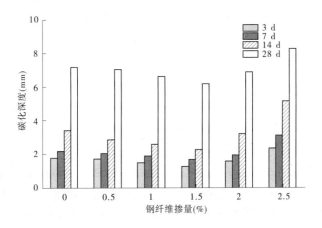

图 7-6　钢纤维掺量对纳米高性能混凝土碳化深度的影响

由图 7-5 和表 7-3 可以看出,混凝土 4 个碳化龄期的碳化深度随着纳米 SiO_2 掺量的增加均呈现出先减小后逐渐增大的趋势,当纳米 SiO_2 掺量达到 7% 时,混凝土碳化深度达到最小值。以 28 d 碳化龄期为例,纳米 SiO_2 掺量为 7% 的混凝土碳化深度相比于基准混凝土减小了 22.7%。但继续增大纳米 SiO_2 掺量,混凝土的碳化深度会增大,纳米 SiO_2 掺量为 9% 的混凝土碳化深度比掺量为 7% 时增加了 30.9%,比基准混凝土的碳化深度大 1.2%。3 d、7 d、14 d 和 28 d 碳化龄期纳米 SiO_2 掺量为 7% 的混凝土碳化深度比基准混凝土的碳化深度分别减小了 31.9%、58.2%、33.9% 和 22.7%,可以看出,掺入纳米 SiO_2 对于提高混凝土的早期抗碳化性能更明显。

表 7-3　纳米 SiO_2 掺量变化时混凝土碳化深度结果

试验编号	碳化深度(mm)			
	3 d	7 d	14 d	28 d
00-00	2.32	4.83	5.42	8.81
01-00	2.03	3.45	3.90	7.80
03-00	1.92	3.81	4.04	7.43
05-00	1.87	2.26	3.12	7.20
07-00	1.58	2.02	3.58	6.81
09-00	4.70	5.73	6.01	8.90

由图 7-6、表 7-4 可以看出,钢纤维的掺入可以降低纳米高性能混凝土的碳化深度值,提高其抗碳化性能。随着钢纤维掺量的增加,纳米高性能混凝土碳化深度呈现先减小后增加的趋势。以 28 d 碳化龄期为例,钢纤维体积掺量为 1.5% 的纳米混凝土碳化深度为 6.15 mm,达到最小值,比基准混凝土碳化深度减小了 15.4%。随着钢纤维掺量继续增加,混凝土的碳化深度又逐渐增

大,钢纤维掺量 2.5%的混凝土碳化深度比掺量为 1.5%时增大了
34.3%,比基准混凝土增大了 13.6%。

表 7-4　钢纤维掺量变化时纳米混凝土碳化深度结果

试验编号	碳化深度(mm)			
	3 d	7 d	14 d	28 d
05-00	1.85	2.24	3.12	7.27
05-05	1.71	2.04	2.87	7.06
05-10	1.49	1.88	2.59	6.62
05-15	1.26	1.67	2.26	6.15
05-20	1.57	1.92	3.21	6.90
05-25	2.35	3.11	5.15	8.26

　　混凝土表层缺少集料,分布在表层的水泥基材料含较多的水
分,在水化初期由于蒸发失水形成微小裂缝,所以由图 7-5、图 7-6
可以看出,混凝土在碳化初期(0~3 d)阶段碳化深度值增长较快。

　　普通硅酸盐水泥由 $2CaO \cdot SiO_2$、$3CaO \cdot SiO_2$、$3CaO \cdot Al_2O_3$、
$4CaO \cdot Al_2O_3 \cdot Fe_2O_3$ 共 4 种矿物组成,占水泥总质量的 90%以
上。加水拌和后,矿物与水发生反应生成新的物质,其反应过程如
下[80]:

$$2(3CaO \cdot SiO_2) + 6H_2O = 3CaO \cdot 2SiO_2 \cdot 3H_2O + 3Ca(OH)_2$$

$$2(2CaO \cdot SiO_2) + 4H_2O = 3CaO \cdot SiO_2 \cdot 3H_2O + Ca(OH)_2$$

$$3CaO \cdot Al_2O_3 + 6H_2O = 3CaO \cdot Al_2O_3 \cdot 6H_2O$$

　　水泥水化反应生成 $Ca(OH)_2$,纳米 SiO_2 会与 $Ca(OH)_2$ 进行
"二次水化"反应生成 C-S-H(水化硅酸钙)凝胶,C-S-H 凝胶为
纳米级颗粒,可以充分填充混凝土内部孔隙,继而增加混凝土密实
度。纳米 SiO_2 的掺量在提高混凝土抗碳化性能方面存在一个临
界值,即纳米粒子最优掺量。当纳米 SiO_2 的掺量超过最优掺量

时,纳米 SiO_2 不能充分分散,团聚的纳米 SiO_2 失水后收缩,增大了混凝土孔隙率[10]。因此,过量的纳米 SiO_2 对于提高混凝土密实性有不利影响,内部孔隙的增加也使 CO_2 更容易进入混凝土内部,从而增大混凝土碳化深度,混凝土抗碳化性能随之减弱。

混凝土试件在浇筑后,由于自由水蒸发及化学收缩等原因,混凝土表面产生了裂隙。大量的裂隙为 CO_2 进入混凝土内部和扩散提供了便利条件,导致混凝土发生碳化。在试件中掺入钢纤维能够有效地阻塞 CO_2 侵入渠道,也就是增加了 CO_2 的侵入阻力,最终成功地减缓混凝土碳化速度。另外,钢纤维在混凝土中形成类似空间网络结构,阻止了混凝土的离析,避免了泌水、干缩的发生,提高了浇筑混凝土的质量。因此,钢纤维能够成功地延缓混凝土碳化的原因,并不是它能够直接影响混凝土的碳化速度,而是通过改善混凝土的微观结构从而增加其密实性,最终达到提高混凝土抗碳化性能的目的。但钢纤维体积率过大时容易导致混凝土基体内微裂纹增多,大量微裂纹的存在为 CO_2 渗透到混凝土内部提供了新的通道,因而钢纤维掺量过大时,会降低纳米混凝土的抗碳化性能。

7.4　小　结

(1)纳米 SiO_2 掺入混凝土中,与水泥石中的氢氧化钙发生"二次水化"反应生成 C—S—H 凝胶,水化硅酸钙胶凝材料是纳米级颗粒,可以填充混凝土中微小的空隙,使混凝土更加密实。本试验得出的结论是纳米 SiO_2 掺量为 7% 时对提高混凝土抗碳化性能效果最佳。过量的纳米 SiO_2 会出现团聚现象而且吸水明显,不利于水泥水化反应,抗碳化性能开始降低。

(2)在纳米高性能混凝土中掺入钢纤维,可以起到"增韧阻裂"的作用,减少了水化反应初期表层裂缝的出现,也阻塞了 CO_2

进入混凝土内部的孔道,提高了纳米混凝土的抗碳化性能。但过量的钢纤维会使拌和物的流动性降低,混凝土浇筑质量下降,内部缺陷增多,为 CO_2 渗入提供了有利条件。本试验测得钢纤维掺量在1.5%时对提高纳米高性能混凝土的抗碳化性能效果最佳。

(3)混凝土在初期(0~3 d)碳化深度值增长较快。

第8章　纳米粒子和钢纤维增强混凝土抗裂性能研究

8.1　引　言

混凝土中出现裂缝的直接原因是混凝土在初凝后发生收缩，产生收缩应力，随着收缩应力的增大，混凝土本身的抗拉强度不足以抵抗收缩应力，从而导致混凝土开裂。因此，混凝土收缩是导致开裂的主要因素。收缩包括干燥收缩、化学收缩、塑性收缩和碳化收缩。

塑性收缩是混凝土表面水分蒸发速度超过了内部水向外迁移的速度，导致混凝土内部毛细管产生负压，从而使水泥浆体收缩。塑性收缩发生在混凝土拌和初期[69]。

化学收缩（又称自收缩）是水泥经水化反应后，水化产物的绝对体积小于水化反应前水泥和水的体积[81]，普通硅酸盐水泥水化收缩为 8%~10%。普通混凝土的化学收缩为 $40×10^{-6}~100×10^{-6}$。化学收缩主要发生在混凝土拌和后的前几天，尤其是第一天。目前普遍认为水灰比越小，化学收缩越大[82]。

干燥收缩简称干缩，混凝土停止养护后，处于未饱和的空气中水分散失而引起的体积收缩，主要是因为混凝土内部结构水分散失引起的[83]。干缩是一个缓慢的过程，随着时间的推移，干缩影响会越来越小。对于大体积混凝土而言，干缩只发生在表面厚度的几十厘米范围内，结构内部不存在干缩问题[84]。

碳化收缩是空气中的 CO_2 与水反应生成碳酸，碳酸与水泥石中的各种水化产物反应[85]，毛细孔的细化及水分的散失导致凝胶表面张力变化而产生收缩，钙矾石发生碳化反应后绝对体积的减小而产生的体积收缩[86]。碳化收缩是一个长期过程。

本章中采用的纳米 SiO_2 质量掺量为 1%、3%、5%、7% 和 9%，钢纤维体积掺量为 0.5%、1.0%、1.5%、2.0%、2.5%。

8.2　试验方法

所需试验设备包括碘钨灯、裂缝测宽仪、风扇、温度计、风速仪、钢尺。

约束收缩试验可以对混凝土的开裂趋势做定性与定量的评估。定性分析是通过观察混凝土试件在限制收缩条件下的裂缝开展情况，来评价不同材料组分的混凝土收缩开裂趋势，以及收缩开裂对不同环境与不同限制条件的敏感性。约束收缩试验方法分为轴向约束、环形约束和板式约束试验方法。轴向约束为主动约束，约束应力可控，能够提供混凝土的许多早期性能参数，但是此类试验装置在我国应用较少。目前，常用的环形约束和板式约束试验方法属于被动约束，通过观测试件的开裂时间和裂缝宽度、裂缝长度来评价混凝土的抗裂性能，不能将约束应力和混凝土的开裂状况动态地联系起来。

根据《普通混凝土长期性能和耐久性能试验方法标准》[85]（GB/T 50082—2009），模具尺寸为 600 mm×600 mm×63 mm，模具的每条边用角钢制成，四边外侧焊加劲肋以提高模具刚度，模具四边与底板通过螺栓固定在一起，防止漏浆；在模具每个边上下相互交错焊接（或用双螺帽固定）两排共 14 根长度为 100 mm 的 φ10 螺栓（螺纹通长）伸向锚具内侧[86]，这样布置是为了便于填入的混凝土能够被振捣密实。当成型后的混凝土平板试件出现收缩时，试件边缘将受到螺栓的约束。在模具底板的表面铺设低摩阻

的玻璃钢片材[87]。按预定配合比拌和混凝土,每个配合比浇筑 2
个试件。

试件振实、抹平后,随即覆盖塑料薄膜,保持环境温度为(30±
1)℃,2 h 后取下塑料膜,用风扇吹混凝土表面,风速为 8 m/s。同
时用碘钨灯照射混凝土表面。记录试件的开裂时间、裂缝长度、裂
缝宽度、裂缝条数,并计算以下参数:

裂缝的平均开裂面积:

$$a = \frac{1}{2N} \sum_i^N W_i \times L_i \quad (\text{mm}^2/\text{根}) \tag{8-1}$$

单位面积的裂缝条数:

$$b = \frac{N}{A} \quad (\text{条}/\text{m}^2) \tag{8-2}$$

单位面积上的总开裂面积:

$$C = a \times b \quad (\text{mm}^2/\text{m}^2) \tag{8-3}$$

式中　W_i——第 i 条裂缝的最大宽度,mm;

　　　L_i——第 i 条裂缝的长度,mm;

　　　N——总裂缝条数;

　　　A——平板试件面积,0.36 m²。

8.3　试验结果与分析

8.3.1　纳米 SiO_2 对混凝土抗裂性能的影响

根据上述计算公式得出混凝土抗裂平板试件的各项试验数
据,见表 8-1。试验情况见图 8-1、图 8-2。

表 8-1　纳米增强抗裂试验数据结果

试验编号	裂缝条数	单位面积上总开裂面积(mm^2)
00−00	10	7 266.7
01−00	7	4 430.6
03−00	6	812.2
05−00	5	777.8
07−00	3	822.2
09−00	5	1 336.1

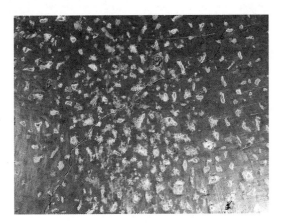

图 8-1　未掺纳米材料混凝土收缩试件表面

由图 8-3 可以看出,随着纳米 SiO_2 掺量的增加,单位面积上的总开裂面积呈现出先减小后增大的趋势。纳米 SiO_2 掺量从 1% 增加到 3% 过程中,试件开裂面积明显下降,从 7 266.7 mm^2 减小到 812.2 mm^2,减小了 88.8%;纳米 SiO_2 掺量从 3% 增加到 7% 过程中,开裂面积在 800 mm^2 上下浮动,变化不大,掺量在 5% 时开裂面积达到最小 777.8 mm^2;随着纳米 SiO_2 掺量继续增大到 9% 时,试件的开裂面积为 1 336.1 mm^2,比掺量为 5% 时增加了 71.8%。

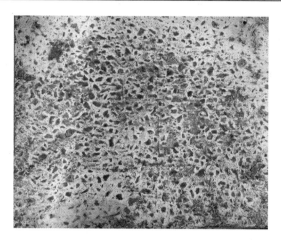

图 8-2　掺纳米 SiO_2 混凝土收缩试件表面

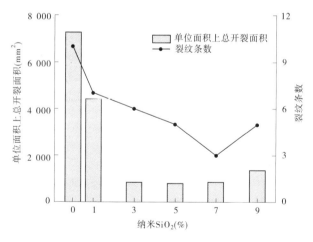

图 8-3　不同 SiO_2 掺量对混凝土收缩的影响

　　混凝土抗裂试件的裂缝数目随着纳米 SiO_2 掺量的增加先减少后增加，不掺纳米材料时裂缝为 10 条，掺量为 7% 时裂缝为 3 条，继续增加掺量裂缝数量增加到 5 条。纳米材料掺量为 5%、7%

时,试件的开裂面积相对于基准试件大幅度降低,并且05-00、07-00试件开裂面积相差44.4 mm²,相比于基准试件的开裂面积很微小。由此可以得出,纳米在抑制混凝土收缩、阻裂方面效果明显,最佳掺量为5%~7%。

混凝土浇筑后,早期收缩主要是塑性收缩和化学收缩,加入纳米SiO_2后对混凝土增强抗裂性能体现在以下几点:

(1)在水泥水化反应过程中会生成的$Ca(OH)_2$,对提高混凝土的强度不利。在拌和物中加入纳米SiO_2后,纳米粒子会与$Ca(OH)_2$反应生成水化硅酸钙凝胶,消耗$Ca(OH)_2$降低了对混凝土的不利影响,生成的水化硅酸钙凝胶使混凝土变得更密实[22],提高了早期强度,降低了裂缝出现的可能性。

(2)纳米SiO_2是极小的颗粒,比水泥颗粒小100倍以上,掺入的纳米SiO_2均匀地分布在混凝土中,填充了水泥颗粒之间的空隙。当发生水化反应时,水化产物的绝对体积比反应前各组分的体积小,会发生化学收缩(自收缩)[88],纳米SiO_2的存在一定程度上抑制了水化产物的收缩,降低了裂缝出现的可能性。

(3)为了保证混凝土的工作性,混凝土的流动性必须满足要求,这就导致试件在振实、抹平后,表面会出现泌水现象。由于水分蒸发,表面的失水速率大于水分从内部向表面迁移的速率,出现收缩。由于纳米SiO_2较大的比表面积,会吸收混凝土中的部分自由水,从而降低了塑性收缩量,降低了裂缝出现的可能性。

但过量的纳米SiO_2会吸收大量的水分,使混凝土表面没有泌水,但是当混凝土暴露在空气中时,由于没有泌水的缓冲保护,表面水分蒸发就会直接导致塑性收缩的发展[89],所以与未掺加纳米粒子的混凝土相比,加入过量纳米SiO_2之后,相反会增大裂缝产生的可能性。

8.3.2 钢纤维对纳米混凝土抗裂性能的影响

根据上述计算公式得出混凝土抗裂平板试件的各项试验数

据,见表 8-2。试验情况见图 8-4。

表 8-2　钢纤维纳米增强抗裂试验数据结果

试验编号	裂缝条数	单位面积上总开裂面积(mm²)
05−00	5	777.8
05−05	4	248.3
05−10	4	157.2
05−15	4	151.4
05−20	2	73.3
05−25	2	44.4

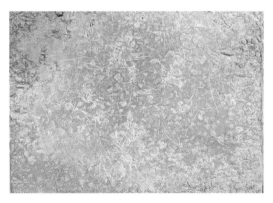

图 8-4　掺钢纤维纳米混凝土收缩试件表面

由表 8-2 和图 8-5 可以得出,随着钢纤维掺量的增加,纳米混凝土试件的裂缝条数和开裂面积逐渐降低。钢纤维掺量从 0 增加到 0.5% 的过程中,试件的开裂面积从 777 mm² 降低到 248.3 mm²,降低了 68.1%。钢纤维掺量为 2.5% 时开裂面积仅为 44.4 mm²,与试件 05−00 相比大幅降低。

随着钢纤维掺量的增加,试件的裂缝条数从 5 条减少到 2 条。钢纤维对混凝土材料的增强机制可以从以下几个方面进行

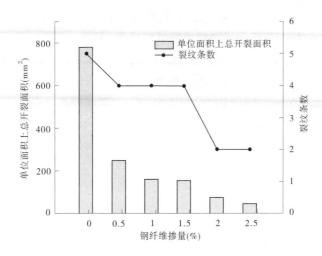

图 8-5　钢纤维对纳米混凝土收缩的影响

阐述:

(1)虽然钢纤维在混凝土中体积率较小,但是掺入的钢纤维会在混凝土基体中乱向分布,形成三维空间网状结构[90],增加了和混凝土的接触面积,能够有效阻止混凝土的开裂。

(2)当混凝土内部应力超出钢纤维所能承受的范围,基体出现裂缝后,横跨裂缝的钢纤维起到了桥接作用,阻止裂缝进一步扩张,增强了混凝土的韧性,提高了抗疲劳开裂性能。

(3)从微观层面分析,混凝土在受到外力作用时,粗、细集料会发生位移或有移动趋势,钢纤维的存在减小了这种位移,并将力传递到邻近的集料颗粒,使混凝土内部受力更加均匀,降低了裂缝出现的概率。

8.4　小　结

(1)在一定掺量范围内纳米 SiO_2 可以减小混凝土的早期收缩

量,提高混凝土的抗裂性能,本试验得出最佳掺量为 5%。过量的
纳米 SiO_2 不利于提高混凝土的抗裂性能。

(2)钢纤维可以提高混凝土的抗裂性能,在 0~2.5% 掺量范
围内随着钢纤维掺量的增加,混凝土的开裂面积明显下降。

(3)钢纤维和纳米 SiO_2 共同作用,对提高混凝土的抗裂性能
效果明显。

第9章 纳米粒子和钢纤维增强混凝土抗氯离子渗透性能研究

9.1 引 言

随着社会经济水平的发展,混凝土的使用环境越来越多变。我国地域辽阔,处于沿海地区的混凝土结构,因氯离子侵蚀、盐冻破坏等一系列原因,混凝土产生各种破坏而未达到使用寿命的案例屡见不鲜。

抗氯离子渗透性是评价混凝土抵抗氯盐侵蚀特征的一种,是影响混凝土结构的重要因素,关系到混凝土结构能否在恶劣环境中长期安全的使用。国内外专家学者经过广泛的调查研究认为:绝大多数混凝土结构的破坏是由于氯离子侵入混凝土钢筋表面,并达到一定临界浓度时引起的钢筋锈蚀所致[91]。如果将钢纤维和纳米材料共同掺入混凝土中,其抗氯离子渗透性能如何? 钢纤维和纳米 SiO_2 掺入混凝土中,其掺量的变化对混凝土抗氯离子渗透性能的影响有何规律? 其最优掺量是多少? 在海洋环境中采用纳米 SiO_2 和钢纤维增强混凝土时,这些问题必须得到合理的解决。因此,本章将对纳米 SiO_2 和钢纤维增强混凝土的抗氯离子渗透性能进行试验研究,并通过试验结果分析,得出纳米 SiO_2 和钢纤维掺量对混凝土抗氯离子渗透性能的影响规律。

本章采用的纳米 SiO_2 质量掺量为 1%、2%、3%、4%和5%,钢纤维体积掺量为 0.5%、1.0%、1.5%、2.0%、2.5%。

9.2 试验方法

从 20 世纪 80 年代起,国内外学者就对钢筋混凝土氯盐破坏的情况进行了大量的研究,胡顿[92]的研究结果表明,氯离子能够通过渗透、吸附、结合、扩散等多种迁移机制进入混凝土内部,引起混凝土内部钢筋锈蚀的破坏,其中,扩散、吸附和毛细作用是最主要的三种途径。最初对混凝土抗氯离子渗透性能研究多采用基础的手段,如浸泡法。随着研究的深入和科学技术手段的发展,试验方法越来越偏向于快速化和自动化。现在研究氯离子对混凝土的侵蚀作用,可供选择的方法较多,可以根据试验周期的长短,大致分为慢速法和快速法两种。

9.2.1 慢速法

慢速法主要是指自然浸泡法和扩散槽法,同时也有一些其他方法标准,如高浓度溶液浸泡法、体积扩散法等,本质上也是在上述两种方法上改进而来的方法。

9.2.1.1 氯盐浸泡法

氯盐浸泡法试件采用边长大于 75 mm 的混凝土试件,根据具体情况也可以自由设计混凝土试件的边长。试件在试验之前应进行密封处理,保证侧面全部密封而上表面接触溶液,下表面接触空气。试验开始时,将试件浸泡在一定浓度的氯化钠溶液中,按照试验设计的要求浸泡至规定时间。相对于普通混凝土,高性能混凝土浸泡时间要相对延长,以保证试验结果的可观测性。浸泡完成后,及时取出试件并擦拭干净,之后按照一定厚度均匀切片,经研磨后测定试件混凝土的氯离子含量,对数据进行处理后建立氯离子含量与浸泡深度的关系曲线,得到混凝土氯离子扩散系数。

9.2.1.2 扩散槽法

扩散槽法采用片状试件,试验开始后将混凝土试件放在两个相同的试验槽中间,试验槽中盛放不同浓度的盐溶液或者完全不同的两种溶液,按照试验设计方案浸泡至规定时间,然后测定两个试验槽中溶液浓度的变化,通过建立数学模型计算混凝土氯离子迁移速度。扩散槽法试验周期长,经常需要几周甚至数月,但相较氯盐浸泡法时间周期较短,同时该方法能够很好地拟合实际工程中氯离子在混凝土中的迁移过程,也被研究者广泛利用。

9.2.2 快速法

慢速法试验虽然符合氯离子在混凝土中的迁移形态,试验数据拟合性较高,能够较好地反映混凝土抗氯离子渗透性能,但是试验周期长,试验过程烦琐,过程全靠人力控制,实用性差,因此亟待寻找能够快速测试混凝土中抗氯离子渗透性能的方法。经过国内外学者的大量研究,发现通过施加电场、测量混凝土试件通电量、增加溶液的压力等方法可以快速地测量混凝土的抗氯离子渗透性能,由此发展出了电通量法、RCM 法、NEL 法等快速试验方法,尽管这些方法并不能完全模拟氯离子在混凝土中的迁移状态,甚至有时和真实情况有很大的差别,但是在一定的范围内和实际情况上有良好的一致性。

9.2.2.1 电通量法

电通量试验装置如图 9-1 所示,采用直径为 100 mm、高度为 50 mm 的圆柱体试件,试件在水中养护 28 d 后取出,将试件表面涂刷密封材料,并填补试件表面孔洞。电通量试验之前,应将试件饱水 22 h,之后放入电通量试验槽中安装好。试验开始,每 5 min 记录电流值,直至试验结束,规定试验时间为 6 h。试验结束后,绘制通电时间和电流关系曲线图,通过面积积分计算 6 h 通过混凝土的电通量,也可按照式(9-1)进行简化计算,计算得到的电通量必须进一步换算成通过直径为 95 mm 试件的电通量,换算公式如式(9-2)所示。

$$Q = 900(I_0 + 2I_{30} + 2I_{60} + \cdots + 2I_t + \cdots + 2I_{300} + 2I_{330} + I_{360})$$

$$(9-1)$$

$$Q_s = Q_x \times (95/x)^2 \qquad (9-2)$$

式中　Q——通过试件的总电通量,C;

　　　　x——试件的实际直径,mm;

　　　　I_0——初始电流,A,精确到 0.001 A;

　　　　Q_s——通过直径为 95 mm 试件的电通量,C;

　　　　Q_x——通过直径为 x(mm)试件的电通量,C;

　　　　I_t——在时间 t(min)内的电流,A,精确到 0.001 A。

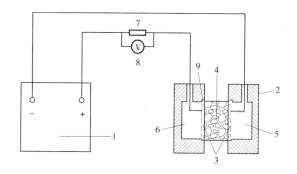

1—电源;2—试验槽;3—铜网;4—试件;

5—氯化钠溶液;6—氢氧化钠溶液;7—标准电阻;

8—直流数字式电压表;9—试件垫圈

图 9-1　电通量试验装置

9.2.2.2　NEL 法

NEL 法是由清华大学[93]提出的一种评定混凝土抗氯离子渗透性能的一种试验方法,实质上是一种饱盐直流电导率法,通过测量氯离子扩散系数来评定混凝土抗氯离子渗透性能,其装置如

图 9-2 所示。

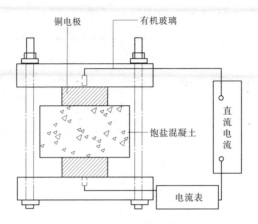

图 9-2　NEL 法试验装置

NEL 法所用试件养护龄期为 28 d,试验准备阶段,需要对试件做去表处理,然后切割成直径为 100 mm、高度为 50 mm 的标准圆柱体试件,之后在 NEL 专用饱盐设备中做饱盐处理。试验开始时,与电通量法相似,将试件置于 NEL 试验装置中安装好,利用氯离子扩散系数测试系统在低电压(1~10 V)下对饱盐混凝土试件的氯离子扩散系数进行测定。该方法采用低电压,降低了电极极化产生的不良影响,测试速度快,饱盐后 15 min 即可得到结果,但是仍然存在电极极化的影响,并且对于含有亚硝酸盐和良导体的混凝土不适用,大大减小了其适用范围。

9.2.2.3　RCM 法

RCM 法即快速氯离子迁移系数法,也称快速氯离子扩散系数法,是通过测量混凝土中氯离子非稳态迁移系数来评定混凝土抗氯离子渗透性能的方法。该方法是由华裔瑞典学者唐路平等学者于 1982 年创立的,我国最近的几个相关标准,如交通部《公路工程混凝土结构防腐蚀技术规范》(JTG/T B07-01—2006),以及《普通

混凝土长期性能和耐久性能试验方法标准》(GB/T 50082—2009)
中也推荐使用 RCM 法。RCM 法试验装置如图 9-3 所示,因本试
验采用 RCM 法,故具体试验过程在此不再赘述,将在下文详述。

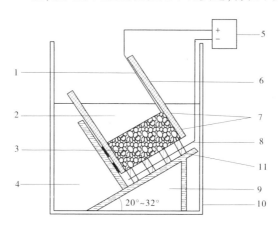

1—阳极板;2—阳极溶液;3—试件;4—阴极溶液;
5—电源;6—有机硅胶套;7—环箍;8—阴极板;
9—支架;10—阴极试验槽;11—支撑头

图 9-3   RCM 法试验装置

9.3 抗氯离子渗透试验过程

试验采用 RCM 法测试混凝土的抗氯离子渗透性能,试验所用
试件为直径为 100 mm、高为 50 mm 的圆柱体试件。当浇筑试件
为其他尺寸时,要在试验前 7 d 切割成标准试件,具体试验过程分
为试验准备阶段、正式试验阶段和后期处理阶段。

9.3.1 试验准备阶段

(1)浇筑好的试件在常温下静置 24 h 后,拆模、编号并放入标

准养护室的水箱中养护28 d。试验前一天取出试件,将试件表面擦拭干净,检查试件表面是否完整,并测量试件的高度和直径。

(2)试件进行电迁移试验之前,需要将试件放入真空饱水仪中进行真空饱水。本试验所用真空饱水仪为建研华测仪器设备有限公司生产的CABR-BSY型混凝土智能真空饱水仪,如图9-4所示。饱水仪开启后,应在5 min内将饱水仪腔内气压降为1~5 kPa,并保持真空状态3 h,之后自动将氢氧化钙溶液抽入饱水仪中,继续保持真空度1 h后,恢复常压浸泡18 h。取出试件,用电吹风将试件表面吹干,并保证试件表面无污渍。

图9-4　真空饱水仪

(3)试件饱水后,将试件装入橡胶套内底部,并用不锈钢套箍在橡胶套外侧与试件的上下表面等高位置箍紧,防止试验过程中产生漏液。如果饱水后观察试件表面有孔隙、缺口等情况,需要用环氧树脂等密封材料做密封处理。

(4)如图9-3所示,安装好阴极板、阳极板,将密封好的试件放入试验用塑料槽中,在阳极槽中注入0.3 mol/L的氢氧化钠溶液约300 mL,阴极槽中注入约6 L氯化钠溶液,质量浓度为10%。

(5)试件安装完成后,连接好排线,开始正式试验。

9.3.2　正式试验阶段

(1)试验仪器采用建研华测仪器设备有限公司生产的CABR-RCM6混凝土氯离子扩散系数测定仪,如图9-5所示。试验开始,首先打开电源,将电压调到30 V,记录通过每个试件的初始电流值。

图9-5　混凝土氯离子扩散系数测定仪

（2）根据初始电流,对照试验用电压表,选择合适的试验加载电压,并记录试验加载电压下新的电流值,按照该电流值选择试验持续时间,并测量每一个试件阳极溶液的试验初始温度值。

（3）试验持续至规定时间,测量混凝土试件阳极溶液的最终温度,并记录最终电流。

（4）试验结束,关闭电源,将试验溶液倒入实验室专用处理槽中,并清理各试验用物品,保证其干净整洁。

9.3.3　后期处理阶段

（1）试验结束后,应迅速将试件从橡胶套中取出,清水冲洗干净后,用电吹风吹干表面。

（2）将试件侧面立于压力试验机承压台上,上下垫钢垫条,将试件沿直径劈裂成两半,并应迅速在劈裂面上喷洒浓度为 0.1 mol/L 的硝酸银溶液。

（3）静待约 15 min 后,观察到显色,此时用水笔描绘渗透深度曲线。

（4）沿试件直径方向,将试件分为十等份,测量试件底面至分色线的高度,取测量数据的算数平均值为氯离子渗透深度。如遇测点中某一点数据无法测量,可以不用测量,只需保证每个试件最少 5 个测点即可。

试验完成后,按照式(9-3)计算混凝土非稳态迁移系数,即氯离子扩散系数,混凝土氯离子扩散系数试验现场如图 9-6 所示。

$$D_{RCM} = \frac{0.023\,9 \times (273 + T)L}{(U - 2)t}(X_d - 0.023\,8\sqrt{\frac{(273 + T)LX_d}{U - 2}})$$

$$(9-3)$$

式中　D_{RCM}——混凝土的非稳态迁移系数,精确到 0.1×10^{-12} m²/s;

U——试验加载电压,V;

T——阳极溶液的初始温度和最终温度的平均值,℃;

L——试件厚度,mm;

X_d——氯离子渗透深度的平均值,mm;

t——试验持续时间,h。

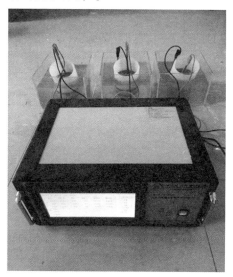

图 9-6 混凝土氯离子扩散系数试验现场

9.4 试验结果与分析

试验采用直径为 100 mm、厚度为 50 mm 的圆柱形试件,试验分为 11 组,每组 3 个试件,共 33 个试件,计算后氯离子扩散系数如表 9-1 所示。

表 9-1　纳米 SiO_2 和钢纤维增强混凝土氯离子扩散系数

试验编号	单个试件氯离子扩散系数 $(0.1×10^{-12}\ m^2/s)$			氯离子扩散系数平均值
	1	2	3	$(0.1×10^{-12}\ m^2/s)$
00-00	8.2	8.2	8.1	8.2
01-00	4.3	4.4	4.3	4.3
02-00	2.6	2.6	2.6	2.6
03-00	3.5	3.5	3.6	3.5
04-00	4.1	4.1	3.9	4.0
05-00	6.6	6.5	6.4	6.5
03-05	3.4	3.4	3.5	3.4
03-10	3.2	3.1	3.2	3.2
03-15	2.8	2.9	2.9	2.9
03-20	3.4	3.4	3.3	3.4
03-25	4.8	4.8	4.9	4.8

9.4.1　纳米 SiO_2 对混凝土抗氯离子渗透性能的影响

图 9-7 给出了纳米 SiO_2 掺量对混凝土氯离子扩散系数影响的规律。由图 9-7 和表 9-1 可知,混凝土氯离子扩散系数随着纳米 SiO_2 掺量的增加呈现先减小后增大的变化趋势,即混凝土的抗氯离子渗透性能随着纳米 SiO_2 掺量的增加呈现先增大后减小的趋势。当纳米 SiO_2 掺量为 2% 时,氯离子扩散系数达到最小值,混凝土抗氯离子渗透性能最好,纳米 SiO_2 掺量为 2% 的纳米混凝土氯离子扩散系数,较基准混凝土减小了 68.3%。当纳米 SiO_2 掺量大于 2% 后,继续增加纳米 SiO_2 掺量,混凝土氯离子扩散系数逐渐

增大,当纳米 SiO_2 掺量分别增加为 3%、4% 和 5% 时,混凝土氯离子扩散系数分别较纳米 SiO_2 掺量为 2% 的混凝土氯离子扩散系数增大了 34.6%、53.8% 和 150%,但是较基准混凝土氯离子扩散系数仍然分别减小了 57.3%、51.2% 和 20.7%。

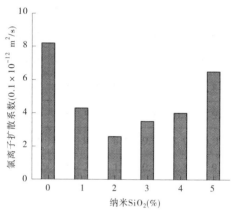

图 9-7　纳米 SiO_2 掺量对混凝土氯离子扩散系数的影响

　　上述纳米 SiO_2 掺量对混凝土氯离子扩散系数的影响规律表明,在一定的掺量范围内,纳米 SiO_2 的掺入能够显著降低混凝土氯离子扩散系数,提高混凝土抗氯离子渗透性能。根据我国吴中伟院士的研究[94],混凝土中的孔隙分为四类,孔径小于 20 nm 的无害孔、孔径大于 20 nm 且小于 50 nm 的少害孔、孔径大于 50 nm 且小于 200 nm 的有害孔和孔径大于 200 nm 的多害孔。Metha 等[95]学者的研究成果表明,混凝土中孔径大于 100 nm 的孔隙将显著降低混凝土的基本力学性能和抗渗透性能。在混凝土中加入纳米 SiO_2,能改善混凝土的孔隙率,降低混凝土原生孔隙的产生和孔径的大小,增加混凝土密实度,从而提高混凝土的抗氯离子渗透性能。同时通过改进混凝土拌制工艺,发挥粉煤灰协同作用,纳米 SiO_2 的分散更加充分,纳米 SiO_2 晶核效应可吸附粉煤灰形成

较大的团聚体填充混凝土的较大孔隙,可使多害孔大量减少,有害
孔向无害孔转化,无害孔大量增加,提高混凝土的抗氯离子渗透性
能,袁连旺的研究结果进一步证实了这一结论[96]。

9.4.2　钢纤维对纳米混凝土抗氯离子渗透性能的影响

钢纤维掺量对掺 3% 纳米 SiO_2 混凝土氯离子扩散系数的影响
规律如图 9-8 所示。由图 9-8 可知,随着钢纤维体积掺量的变化
(0、0.5%、1.0%、1.5%、2.0% 和 2.5%),纳米混凝土氯离子扩散
系数依次为 3.5、3.4、3.2、2.9、3.4 和 4.8,整体呈现先减小后增
大的变化规律,且 1.5% 体积掺量钢纤维的纳米混凝土氯离子扩
散系数最小,较未掺钢纤维混凝土降低了 17.1%,其抗氯离子渗
透性能最优。在钢纤维体积掺量小于 1.5% 时,随着钢纤维体积
掺量的增加,纳米混凝土氯离子扩散系数不断减小。在钢纤维体
积掺量较小情况下,钢纤维体积掺量对纳米混凝土抗氯离子扩散
系数整体上影响不是太明显。当钢纤维体积掺量超过 1.5% 且继
续增大时,纳米混凝土氯离子扩散系数逐渐增大,且从图中可知,
纳米混凝土氯离子渗透系数增大幅度较明显。当钢纤维掺量为
2.0% 时,纳米混凝土氯离子扩散系数已经增大为 3.4,与未掺钢
纤维的纳米混凝土几乎持平,与 1.5% 钢纤维体积掺量时相比增
大了 17.2%。当钢纤维体积掺量为 2.5% 时,纳米混凝土氯离子
扩散系数已经增大为 4.8,较未掺钢纤维的纳米混凝土增大了
37.1%,与 1.5% 钢纤维体积掺量时相比增大了 65.5%,说明过量
的钢纤维显著降低了纳米混凝土的抗氯离子渗透性能。

上述钢纤维掺量对纳米混凝土氯离子扩散系数的影响表明,
当钢纤维体积掺量较低时,钢纤维的掺入对纳米混凝土抗氯离子
渗透性能的影响不大,当钢纤维体积掺量为 1.5% 时抗氯离子渗
透性能最优。但是当钢纤维体积掺量超过最佳掺量以后,过量钢
纤维的加入,显著降低了纳米混凝土抗氯离子渗透性能。混凝土

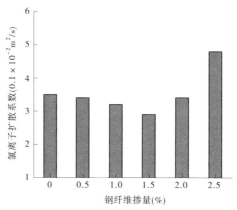

图 9-8　钢纤维掺量对掺 3% 纳米 SiO_2 混凝土氯离子扩散系数的影响

在浇筑以后,由于自身和环境的影响,会滋生很多的孔隙和裂缝为氯离子渗透提供通道,降低混凝土的密实性。纳米混凝土中加入钢纤维,一方面能够改善混凝土的微观结构,减少孔隙率,减少氯离子渗透的通道,提高纳米混凝土抗氯离子渗透性能。另一方面过量的钢纤维加入,增加了混凝土内部的裂缝数量,致使氯离子通过这些裂缝渗透进入混凝土内部,降低了混凝土抗氯离子渗透性能。

9.5　小　结

本章采用 RCM 法对纳米 SiO_2 和钢纤维增强混凝土的抗氯离子渗透性能进行了试验,分析了纳米 SiO_2 和钢纤维掺量对混凝土抗氯离子渗透性能的影响,结果如下:

(1)纳米 SiO_2 的加入能够显著提高混凝土抗氯离子的渗透性能。在 5% 掺量范围内,随着纳米 SiO_2 掺量的增加,混凝土氯离子扩散系数呈现先减小后增大的变化规律,当纳米 SiO_2 掺量为 2%

时,混凝土氯离子渗透系数最小,混凝土抗氯离子渗透性能最佳。

(2)钢纤维的加入对纳米混凝土抗氯离子渗透性能影响不大。在 2.5%掺量范围内,随着钢纤维体积掺量的增加,纳米混凝土氯离子扩散系数呈现先减小后增大的变化规律,当钢纤维掺量为 1.5%时,纳米混凝土氯离子渗透系数最小,纳米混凝土抗氯离子渗透性能最佳。

(3)过量的钢纤维显著降低了纳米混凝土的抗氯离子渗透性能,因此对抗氯离子渗透性能要求较高的混凝土,钢纤维掺量要严格控制。

第 10 章　纳米粒子和钢纤维增强混凝土抗冲击性能研究

10.1　引　言

混凝土结构往往不仅承受着静载,要求具有较高的抗压强度、抗拉强度,同时也还受到振动荷载的冲击,比如汽车制动力荷载、风荷载、水流冲击作用、桥下水面轮船的撞击等,这就要求混凝土材料还要具有良好的抗冲击性能。由于材料在经受高速的动载冲击时,性能会受到高速的冲击而发生改变,破坏形式和静载破坏有很大的不同,简单的静载试验或者等幅加载试验反映不了其真实的损伤特性,必须通过冲击试验才能评价其抗冲击性能[97]。因此,研究纳米 SiO_2 和钢纤维增强混凝土抗冲击性能具有重要的意义,不仅可以探索混凝土冲击破坏机制,还可以揭示纳米 SiO_2 掺量和钢纤维掺量对混凝土抗冲击性能的影响。

本章采用的纳米 SiO_2 质量掺量为 1%、2%、3%、4% 和 5%,钢纤维体积掺量为 0.5%、1.0%、1.5%、2.0%、2.5%。

10.2　试验方法

国外对混凝土的抗冲击性能试验研究较早,取得了丰硕的成果,制定了很多标准、规范,其主要试验方法分为两类:低速冲击试验法和高速冲击试验法。而低速冲击试验法又分为摆锤冲击试验法、落锤式冲击试验法、类落锤式冲击试验法,高速冲击试验法又

分为霍普金森压杆法、射弹冲击试验法。两类方法各有优劣,适用
于不同的情况。

10.2.1　低速冲击试验

10.2.1.1　摆锤冲击试验法

摆锤冲击试验由金属的冲击试验方法改进而来,现多用于复
合材料的抗冲击性能试验。摆锤冲击时,梁式试件被试验机底座
简支,摆锤被拉到一定的高度后释放,冲击试件前后的势能差被认
为是试件吸收的冲击能。该试验装置简单、易于操作,但是有学者
研究认为,该试验中试件的抗冲击性能受试件尺寸的影响较大,结
果不具有代表性[67]。

10.2.1.2　落锤式冲击试验法

落锤式冲击试验是一种测试混凝土抗冲击性能较简单的试验
方法,被各国学者广泛利用。比如美国 ACI544 委员会推荐的落
锤式冲击试验法,中国工程建设标准化协会发布的《纤维混凝土
试验方法标准》(CECS 13—2009)[98]中纤维混凝土抗冲击试验都
属于该类试验方法。采用落锤式冲击试验法试验时,将落锤升高
到一定的高度,然后使落锤自由落下,记录混凝土试件破坏时的冲
击次数,以冲击次数或者计算冲击能来评价混凝土试件的抗冲击
性能。最初该试验方法开始需要手动控制落锤的释放,导致试验
误差较大,且试验量增加。随着试验方法的改进,现阶段试验机已
经可以实现微机全程控制,提高了试验的可靠度。

10.2.1.3　类落锤式冲击试验法

除了上述两种方法,还有一些在落锤式冲击试验法上改进而
来的方法[99,100]。这类冲击试验法所采用的试件多为板式和梁式,
用试件破坏时的冲击能、裂缝宽度、裂缝条数、弹坑直径等指标来
评价混凝土的抗冲击性能。虽然这些方法和落锤式冲击试验法不
一样,但都是依靠落锤自由落体对试件进行冲击的,因此被称为类

落锤式冲击试验法。在这些试验方法的基础上,配备力传感器、应变片、数据传输系统等装置可以得到多种试验数据,使试验结果更加准确。但是这些试验方法因其针对不同类型和尺寸的试件,导致试验结果无法直接比较,需要通过进一步的试验建立相关性。

10.2.2　高速冲击试验

10.2.2.1　霍普金森压杆法[101]

霍普金森压杆是由 Hopkison 父子开创性发明的,之后经其他学者改进和完善,现在已经广泛地应用于材料动态力学及相关领域的研究,是爆炸与冲击动力学试验技术的重要组成部分。

试验装置由四部分组成,包含入射杆、透射杆、撞击杆和试件,具体装置如图 10-1 所示。撞击杆在动力的作用下撞击入射杆产生冲击波,冲击波经过入射杆撞击到试件,撞击后部分冲击波返回入射杆,部分冲击波传向透射杆,在入射杆、透射杆中各放置一个应变仪测定冲击波,从而确定试件的应力-应变。该试验主要分析混凝土在不同高应变速率下的应力-应变关系。

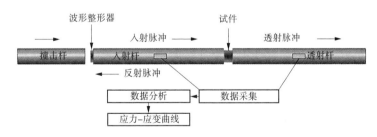

图 10-1　霍普金森压杆装置

10.2.2.2　射弹冲击试验法

弹射冲击试验法是用高速飞行的子弹对目标试件进行冲击,子弹的初始动能由微机自动控制或者传感器监测获得,通过子弹透进试件的深度、弹坑的大小等指标判断试件的抗冲击性能。采用该试验方法可以对大体积混凝土进行冲击试验,该方法适用于特殊的混凝土构件,但操作具有危险性,对试验人员、场地等有特殊要求,因此不适用于常规混凝土。

10.3　抗冲击试验过程

本试验依据《纤维混凝土试验方法标准》(CECS 13—2009)[98]进行,并做一些适当改进。该试验采用上海华龙仪器股份有限公司生产的抗冲击试验机,落锤冲击能范围为 50~2 000 J,检测性能符合试验标准。试件尺寸为 150 mm×150 mm×150 mm,试件浇筑完,常温下静置 24 h 后拆模并编号,放入标准养护室(温度 20 ℃±2 ℃、相对湿度 95%以上)养护 28 d 后,及时取出,表面擦拭干净,并检查试件完整性。

试验开始前,将试件放置在试验机底板指定位置上,打开试验机开关,插上气泵电源,设置冲击能为 50 J,同时调整落锤的质量至合理范围并检查试验机显示屏上各项指标,确保其值正常,关上试验机防护门,试验开始。一次冲击过程包含试验准备和正式试验两阶段,由试验机内部程序全程控制,不需要手动操作,冲击过程中严禁打开控制门,否则试验将终止。

定义一次冲击过程即为一个循环,每个循环完成后仔细观察试件表面,当试件出现首条裂缝时,此时冲击次数即为混凝土试件初裂冲击次数 N_1。继续进行下一次冲击循环,直至试件表面裂缝宽度扩大到 1 mm 时终止试验,此时冲击次数作为混凝土破坏冲击次数 N_2。

纳米 SiO_2 和钢纤维增强混凝土冲击试验现场如图 10-2所示。

(a)冲击试验局部　　　　　　　(b)冲击试验整体

图 10-2　混凝土抗冲击试验现场

10.4　抗冲击试验结果与分析

抗冲击试验设置 11 个配合比,其中 1 组为普通混凝土对照组,5 组为掺加纳米 SiO_2 混凝土(掺量依次为 1%、2%、3%、4% 和5%),5 组为固定纳米 SiO_2 掺量 3%,且同时掺加钢纤维混凝土(体积掺量依次为 0.5%、1.0%、1.5%、2.0% 和 2.5%)。因抗冲击试验数据离散性较大,故每组配合比取试件 5 个,去掉最大值和最小值,取剩余三个试验数据的算数平均值并四舍五入取整作为评价纳米 SiO_2 和钢纤维增强混凝土抗冲击性能的最终结果,如表 10-1 所示。

表 10-1　纳米 SiO_2 和钢纤维增强混凝土抗冲击试验结果

试验编号	初裂冲击次数	破坏冲击次数	破坏与初裂冲击能差（J）
00-00	30	31	50
01-00	33	35	100
02-00	37	40	150
03-00	32	33	50
04-00	29	30	50
05-00	27	27	0
03-05	43	51	400
03-10	52	64	600
03-15	62	78	1 000
03-20	66	86	500
03-25	58	68	500

10.4.1　纳米 SiO_2 对混凝土抗冲击性能的影响

图 10-3 给出了纳米 SiO_2 掺量对混凝土初裂冲击次数、破坏冲击次数影响的规律。由表 10-1 及图 10-3 可知：纳米 SiO_2 在一定掺量范围内，随着掺量的增加，混凝土初裂冲击次数和破坏冲击次数均呈现先增加后降低的变化趋势，纳米 SiO_2 整体上提高了混凝土的抗冲击性能。纳米 SiO_2 掺量为 2% 时，其初裂冲击次数和破坏冲击次数达到最大的 37 次和 40 次，分别相对基准混凝土提高了 23.3% 和 29%。当纳米 SiO_2 掺量大于 2% 时，混凝土初裂冲击次数和破坏冲击次数开始下降；当掺量为 5% 时，混凝土初裂冲击次数和破坏冲击次数均降低为 27 次，较基准混凝土分别下降

10%和12.9%,试件在发生破坏前未发现裂缝产生,表明过量的纳米SiO_2不仅不能提高混凝土的抗冲击能力,反而降低其抗冲击性能。

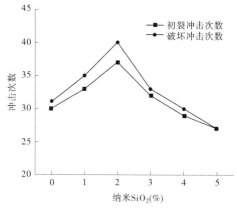

图 10-3　纳米 SiO_2 掺量对冲击次数的影响

图 10-4 给出了纳米 SiO_2 掺量对混凝土冲击能差影响的规律。由表 10-1 及图 10-4 可看出,混凝土试件的冲击能差随纳米 SiO_2 掺量的增大呈现先增大后减小的趋势,当纳米 SiO_2 掺量为 2%时达到最大值。随着纳米 SiO_2 掺量的变化,混凝土冲击能差在 0~150 J 变化,最大冲击能差仅为 150 J,表明纳米 SiO_2 能够提高混凝土的初裂抗冲击性能,但是初裂后,继续储能能力没有明显的提高,从初裂到破坏比较迅速,没有改变混凝土易脆的特点,试件的冲击破坏形态也证实了该结论。图 10-5 为未掺纳米 SiO_2 和掺纳米 SiO_2 混凝土试件的冲击破坏形态对比。从图 10-5 可看出,纳米混凝土试件受冲击后也是沿冲击方向断裂成两半,表明纳米 SiO_2 的加入,没有改善混凝土试件的冲击破坏形态,掺纳米 SiO_2 混凝土试件仍然表现出普通混凝土的脆性破坏。

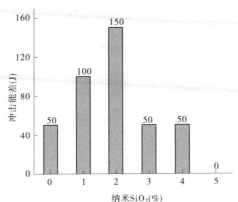

图 10-4 纳米 SiO_2 掺量对混凝土冲击能差的影响

(a)未掺纳米SiO_2混凝土   (b)2%掺量纳米SiO_2混凝土

图 10-5 纳米混凝土冲击破坏现场

10.4.2 钢纤维对纳米混凝土抗冲击性能的影响

图 10-6 给出了钢纤维掺量对掺 3%纳米 SiO_2 混凝土的初裂
冲击次数和破坏冲击次数影响的规律。由图 10-6 可知,随着钢纤
维体积掺量的增加,纳米混凝土初裂冲击次数和破坏冲击次数均

呈现先增大后减小的趋势。当钢纤维掺量从 0 等幅增加到 2.5%时,纳米混凝土初裂冲击次数分别由 32 次增加到 43 次、52 次、62 次、66 次和 58 次,破坏冲击次数分别由 32 次增加到 51 次、64 次、78 次、86 次和 68 次,钢纤维体积掺量为 2.0%的纳米混凝土初裂冲击次数和破坏冲击次数最大,相对于未掺钢纤维的基准纳米混凝土分别提高了 106.3%和 168.7%,钢纤维的加入显著地增强了纳米混凝土的抗冲击性能。但是由图 10-6 可明显地观察到,当钢纤维超过 2%最优体积掺量时,随着钢纤维体积掺量的继续增大,纳米混凝土无论是初裂冲击次数还是破坏冲击次数均开始下降,但仍高于未掺钢纤维的纳米混凝土,这表明过量的钢纤维不利于纳米混凝土抗冲击性能的提高。有学者研究认为[102],钢纤维以体积外掺的方式加入混凝土中,具有粗集料的作用。少量的钢纤维在混凝土中可以均匀分布,形成网格状的结构,在混凝土开裂之前,减少初始裂缝的产生,提高密实度,在混凝土开裂之后,可阻止裂缝的进一步发展,增强混凝土基体。而过量的钢纤维在混凝土中不易均匀地分散,同时其类似粗集料作用导致胶凝材料相对不足,增加了混凝土内部缺陷,从而致使混凝土抗冲击性能降低。

图 10-7 给出了钢纤维掺量对掺 3%纳米 SiO_2 混凝土冲击能差影响的规律。由图 10-7 可知,钢纤维体积掺量从 0 增加到 2.5%时,纳米混凝土破坏与初裂冲击能差分别为 50 J、400 J、600 J、1 000 J、500 J、500 J,当钢纤维掺量为 2.0%时,冲击能差达到最大值。这表明钢纤维的加入使纳米混凝土在初裂以后能够继续承受冲击,吸收能量,储能能力大幅提升。混凝土试件在受荷初期,混凝土基体和钢纤维一起受力耗能,随着裂缝的产生,横跨裂缝的钢纤维在基体内起到桥接的作用,提高了混凝土的抗冲击能力[48]。

图 10-8 为掺钢纤维纳米混凝土和未掺钢纤维纳米混凝土冲击破坏形态对比。从图中明显可以看出,未掺钢纤维的纳米混凝土破坏时完全断裂,而掺加了钢纤维的纳米混凝土破坏时试件相

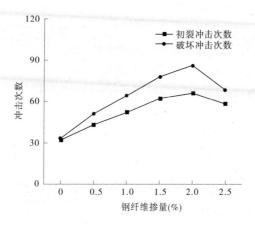

图 10-6　钢纤维掺量对掺 3% 纳米 SiO$_2$ 混凝土抗冲击次数的影响

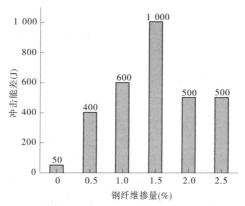

图 10-7　钢纤维掺量对掺 3% 纳米 SiO$_2$ 混凝土冲击能差的影响

对完整,仅产生未贯穿试件上下表面的裂缝,在试件裂缝处明显可见横跨裂缝的钢纤维,表明试件虽然产生裂缝,但是内部整体结构仍然没有破坏。同时观察试件表面,掺钢纤维的纳米混凝土在主裂缝附近有明显可见的多条细裂缝。可见,钢纤维的加入分散了冲击的力度,使混凝土试件应力分布更为均匀,表现出明显的韧性破坏特征。

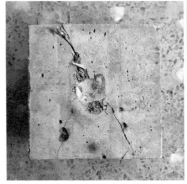

(a)1.5%掺量钢纤维的纳米混凝土　　　(b)未掺钢纤维的纳米混凝土

图 10-8　纳米混凝土冲击破坏形态对比

10.5　小　结

(1)本章采用落锤式冲击试验法对纳米 SiO_2 和钢纤维增强混凝土抗冲击性能进行研究,采用初裂冲击次数、破坏冲击次数、冲击能差作为评价混凝土抗冲击性能的指标。

(2)纳米 SiO_2 在一定范围内可以增加混凝土的初裂冲击次数和破坏冲击次数,可提高混凝土的抗冲击性能,本章试验中,纳米 SiO_2 最优掺量为 2%时混凝土抗冲击性能最好。纳米 SiO_2 的掺入对混凝土抗冲击性能提升效果很有限,未能改变混凝土脆性破坏的特点。

(3)过量的纳米 SiO_2 会减少混凝土的初裂冲击次数和破坏冲击次数,降低混凝土的抗冲击性能。

(4)钢纤维不仅可以显著增强纳米混凝土的抗冲击性能,还可以改善纳米混凝土脆性破坏的特点,本章试验中,当钢纤维体积掺量为 2%时,纳米混凝土可获得最高抗冲击性能。

第 11 章 总 结

11.1 本书工作的总结

本书通过两批试验分别设计了两组配合比,进行了不同的性能试验,可以发现配合比有所改变之后,纳米粒子和钢纤维的最优掺量发生了改变,但总体规律是大体相同的,这也说明了混凝土作为多相材料内部反应非常复杂,尽管使用同种参数的不同批次材料,最终制备得到的混凝土也会展现出不同的性能,但仍然会处于可控区间内。本书采用的两组配合比会一定程度上影响整体试验的一致性和整体性,但是还是可以反映出纳米 SiO_2 和钢纤维掺量对混凝土基本力学、耐久性和抗冲击性能的影响规律。在本章总结时,为了方便读者阅读,我们将两组不同配合比对应的性能研究分别进行总结。

(1) 对于混凝土中纳米 SiO_2 质量掺量为 1%、3%、5%、7% 和 9%,钢纤维体积掺量为 0.5%、1.0%、1.5%、2.0%、2.5% 的配合比,研究了纳米 SiO_2、钢纤维掺量对混凝土工作性、抗渗性、抗碳化性、抗冻性和抗裂性能的影响,总结如下:

①纳米 SiO_2 和钢纤维的掺入,降低了混凝土拌和物的流动性,工作性下降。随着钢纤维掺量的增加,坍落度逐渐减小。钢纤维的掺量从 0 增加到 2.5%,纳米混凝土的坍落度从 7.7 cm 减小到 1.2 cm,减少了 84.4%。纳米 SiO_2 的掺量从 0 增加到 9% 时,坍落度从 13.8 cm 降到了 3.9 cm,减小了 71.3%。随着纳米 SiO_2 掺量的增加,混凝土抗压强度总体呈现出先增加后减小的趋势,掺量

为 5% 时其抗压强度达到 52 MPa;随着钢纤维掺量的增加,纳米混凝土的抗压强度总体呈现先增大后减小的趋势,钢纤维掺量为 2.5% 时抗压强度达到最大 66 MPa。

②纳米 SiO_2 掺量从 0 到 9% 的过程中,混凝土的渗水高度呈现先减小后增大的趋势,当纳米 SiO_2 掺量为 5% 时渗水高度为 10.9 mm,对混凝土抗渗性能提高效果最明显。在纳米混凝土中掺入钢纤维对混凝土的抗渗性有不利影响,混凝土的渗水高度随着钢纤维体积掺量的增加而逐渐增大。

③纳米 SiO_2 掺量为 7% 时对提高混凝土抗碳化性能效果最佳。过量的纳米 SiO_2 会出现团聚现象而且吸水明显,不利于水泥水化反应,抗碳化性能降低。在纳米高性能混凝土中掺入钢纤维,可以起到"增韧阻裂"的作用,减少了水化反应初期表层裂缝的出现,但过量的钢纤维会使拌和物的流动性降低,浇筑的混凝土质量下降,内部缺陷增多,本试验测得钢纤维掺量在 1.5% 时对提高纳米高性能混凝土的抗碳化性能效果最佳。

④随着纳米 SiO_2 掺量的增加,混凝土的抗冻性能先提高后降低,当掺量为 3% 时混凝土的抗冻性能最好;加入钢纤维可以提高纳米混凝土的抗冻性能,且钢纤维掺量从 0 到 2.5% 的过程中,抗冻性能逐渐提高。

⑤随着纳米 SiO_2 掺量的增加,单位面积上的总开裂面积呈现出先减小后增大的趋势。纳米 SiO_2 掺量从 1% 增加到 3% 的过程中,试件的开裂面积迅速下降,掺量在 5% 时开裂面积达到最小,随着纳米 SiO_2 掺量继续增大,试件的开裂面积增大。随着钢纤维掺量的增加,纳米混凝土试件的裂缝条数和开裂面积逐渐降低,抗裂性能逐渐提高。

(2)对于混凝土中纳米 SiO_2 质量掺量为 1%、2%、3%、4% 和 5%,钢纤维体积掺量为 0.5%、1.0%、1.5%、2.0%、2.5% 的配合比,研究了纳米 SiO_2、钢纤维掺量对混凝土基本力学性能、抗冲击

性、抗氯离子渗透性和抗冻性的影响,总结如下:

①纳米 SiO_2 的掺入,可以提高混凝土的抗压强度。在一定掺量范围内($0\sim3\%$),随着纳米 SiO_2 掺量的增加,混凝土的抗压强度逐渐增大,之后随着纳米 SiO_2 掺量的增加($3\%\sim5\%$),混凝土的抗压强度开始下降,在本书试验设计掺量下,纳米 SiO_2 最佳掺量为 3%,此时混凝土抗压强度最大。钢纤维的加入不仅能够显著改善纳米混凝土的抗压强度,也使纳米混凝土裂而不碎,改变了纳米混凝土破坏时的形态。在本书试验设计掺量下($0\sim2.5\%$),随着钢纤维体积掺量的增加,纳米混凝土的抗压强度先增大后减小,钢纤维体积掺量为 2% 时,纳米混凝土抗压强度最大,达到 62 MPa,较未掺钢纤维的纳米混凝土抗压强度提高 18.5%。

②纳米 SiO_2 在试验设计掺量范围内($0\sim5\%$),随着掺量的增加,普通混凝土的抗折强度呈现先增大后降低的趋势,但是整体上较基准混凝土还是有所提高,试验最佳掺量为 3%,此时混凝土抗折性能最优。钢纤维掺入纳米混凝土中,对纳米混凝土抗折性能提升效果明显。在掺量从 0 增加到 1.5% 的过程中,纳米混凝土的抗折强度持续增长,且增长幅度较大,当钢纤维体积掺量增加到 2.5% 时,纳米混凝土的抗折强度开始下降,所以适量的钢纤维能够显著提高纳米混凝土的抗折强度,试验最佳掺量为 1.5%,并且钢纤维的加入使纳米混凝土裂而不断,改善破坏形态,保证纳米混凝土破坏时的完整性。

③$0\sim5\%$ 掺量的纳米 SiO_2 加入混凝土中,随着纳米 SiO_2 掺量的增加,混凝土劈裂抗拉强度呈现先增大后减小的变化趋势,最佳掺量为 2%,此时混凝土劈裂抗拉强度值最大,较基准混凝土提高了 19.3%。当掺量从 2% 继续增长到 5% 时,混凝土抗压强度较基准混凝土下降了 5%,说明适量的纳米 SiO_2 可提高混凝土的劈裂抗拉强度,但是过量的纳米 SiO_2 会降低混凝土的劈裂抗拉强度。$0.5\%\sim2.5\%$ 体积掺量的钢纤维加入纳米混凝土中后,整体上提高

了纳米混凝土的劈裂抗拉性能,但是随着钢纤维掺量的增加,混凝土的劈裂抗拉强度呈现先增大后减小的变化趋势,所以适量的钢纤维可显著提高纳米混凝土的劈裂抗拉性能,过量的钢纤维不利于纳米混凝土劈裂抗拉强度的提高。

④纳米 SiO_2 在一定范围内可增加混凝土的初裂冲击次数和破坏冲击次数,提高普通混凝土的抗冲击性能,本书试验最优掺量为2%,但是纳米 SiO_2 对混凝土抗冲击性能提升效果不够明显,也不能改变混凝土脆性破坏的特点,同时过量的纳米 SiO_2 会减少混凝土的初裂冲击次数和破坏冲击次数,降低混凝土的抗冲击性能。在试验设计掺量范围内(0~2.5%),钢纤维的加入不仅能够大幅增加纳米混凝土的初裂冲击次数和破坏冲击次数,提高其抗冲击性能,同时也使纳米混凝土冲击破坏时裂而不碎,保证了试件的完整性,改变了纳米混凝土脆性破坏的特点,本试验最佳掺量为2%。

⑤适量的纳米 SiO_2 的加入能够显著提高混凝土抗氯离子渗透性能。在5%掺量范围内,随着纳米 SiO_2 掺量的增加,混凝土氯离子扩散系数呈现先减小后增大的变化规律,当纳米 SiO_2 掺量为2%时,混凝土氯离子渗透系数最小,混凝土抗氯离子渗透性能最佳。在试验设计掺量范围内,钢纤维的加入对混凝土抗氯离子渗透性能影响不大。在2.5%掺量范围内,随着钢纤维体积掺量的增加,混凝土氯离子扩散系数呈现先减小后增大的变化规律,当钢纤维掺量为1.5%时,混凝土氯离子渗透系数最小,混凝土抗氯离子渗透性能最佳。但是过量的钢纤维显著降低了混凝土的抗氯离子渗透性能,因此对抗氯离子渗透性能要求较高的混凝土,钢纤维掺量要严格控制。

⑥冻融循环对混凝土有较大的影响,随着冻融循环的增加,混凝土相对动弹性模量呈现急速下降趋势。一定掺量的纳米 SiO_2 加入混凝土后,能显著提高混凝土的抗冻性能,但是有最佳掺量,

按照本试验设计得出的最佳掺量为 2%。钢纤维不仅可以提高纳米混凝土的抗冻性能,也可以提高纳米混凝土冻融破坏时的外观完整性。在本试验设计掺量范围内(0~2.5%),随着钢纤维掺量的增加,纳米混凝土抗冻性能先提高后降低,钢纤维最佳掺量为 1.5%。

11.2 进一步研究的展望

(1)本书进行的系列研究分为两个配合比组进行,难以进行统一评价,进而给出一个最优掺量,因此需要进一步进行完整的系列试验。

(2)本书试验通过固定水胶比、粉煤灰掺量、砂率后,确定了试验配合比,浇筑了混凝土试件,研究了纳米 SiO_2 掺量和钢纤维掺量对纳米 SiO_2 和钢纤维增强混凝土基本力学性能、耐久性能和抗冲击性能的影响规律,而未考虑水胶比、粉煤灰掺量、砂率对纳米 SiO_2 和钢纤维增强混凝土对以上性能的影响。

(3)本书开展的均是宏观试验,得出的结论是对宏观试验现象的描述及分析,没有通过微观试验来解释分析试验现象。

(4)本书进行的试验研究都是短期试验,缺乏纳米 SiO_2 掺量和钢纤维掺量对混凝土早期和长期性能影响规律的研究。

参 考 文 献

[1] 谭金涛.水泥混凝土路面早期断板病害成因分析[D].重庆:重庆交通大学,2018.

[2] 黄振.纳米混凝土力学性能及耐久性研究[D].沈阳:沈阳大学,2016.

[3] 樊东黎.纳米技术和纳米材料的发展和应用[J].金属热处理,2011,36(2):125-132.

[4] 杨鼎宜.纳米材料的结构性能特征及其在建筑中的应用[J].建筑技术开发,2003(3):42-45.

[5] 王景贤,王立久.纳米材料在混凝土中的应用研究进展[J].混凝土,2004(11):18-21.

[6] 方云,杨澄宇,陈明清,等.纳米技术与纳米材料(Ⅰ):纳米技术与纳米材料简介[J].日用化学工业,2003(1):55-59.

[7] 李朋飞,张擎,李晶晶.掺加纳米二氧化硅水泥混凝土路用性能[J].长安大学学报(自然科学版),2010,30(3):41-46.

[8] 曹方良.纳米材料对超高性能混凝土强度的影响研究[D].长沙:湖南大学,2012.

[9] Nazari A,Riahi S. Splitting tensile strength of concrete using ground granulated blast furnace slag and SiO₂ nanoparticles as binder[J]. Energy & Buildings,2011,43(4):864-872.

[10] 季韬,等.纳米混凝土物理力学性能研究初探[J].混凝土,2003,3(161):13-15.

[11] 卢中远,徐迅.纳米 SiO₂ 对硅酸盐水泥水化特性的影响[J].建筑材料学报,2006(5):581-585.

[12] 徐晶,王彬彬,赵思晨.纳米改性混凝土界面过渡区的多尺度表征[J].建筑材料学报,2017,20(1):7-11.

[13] 杜应吉.应用纳米微粉提高混凝土抗渗抗冻性能的试验研究[J].西北农林科技大学学报(自然科学版),2004,32(7):107-110.

[14] 刘丹,等.纳米二氧化硅对活性粉末混凝土力学性能影响的试验研究

[J]. 中国农村水利水电, 2011(12): 127-134.

[15] Guneyisi E, Gesoglu M, Al-Goody A, et al. Fresh and rheological behavier of nano-silica and flyash blended self-compacting concrete[J]. Construction and Building Materials, 2015, 95: 29-44.

[16] Ghafari E, Costa H, Julio E, et al. The effect of nanosilica addition on flow-ability, strength and transport properties of ultra high performance concrete[J]. Materials and Design, 2014, 59: 1-9.

[17] Behfarnia K, Salemi N. The effects of nano-silica and nano-alumina on frost resistance of normal concrete[J]. Construction and Building Materials, 2013, 48(Complete): 580-584.

[18] Xu S, Xie N, Cheng X, et al. Environmental resistance of cement concrete modified with low dosage nano particles[J]. Construction and Building Materials, 2018, 164: 535-553.

[19] 赵军, 张圣言, 高丹盈. 纳米 SiO_2 对钢纤维混凝土力学性能的影响[A]. 第十三届纤维混凝土学术会议暨第二届海峡两岸三地混凝土技术研讨会[C], 2010: 290-293.

[20] 黄功学, 谢晓鹏. 纳米 SiO_2 对水工混凝土耐久性影响试验研究[J]. 人民黄河, 2011(7): 138-140.

[21] 李朋飞. 纳米水泥混凝土路用性能研究[D]. 西安: 长安大学, 2010.

[22] 崔云. 补偿收缩纳米 SiO_2 钢纤维混凝土抗冲击和抗裂性能试验研究[D]. 淮南: 安徽理工大学, 2013.

[23] 杨瑞海, 陆文雄, 余淑华, 等. 复合纳米材料对混凝土及水泥砂浆的性能影响[J]. 重庆建筑大学学报, 2007(5): 144-148.

[24] 李庆华, 赵昕, 徐世烺. 纳米二氧化硅改性超高韧性水泥基复合材料冲击压缩试验研究[J]. 工程力学, 2017, 34(2): 85-93.

[25] 张茂花, 谢发庭, 张文悦. Cl^{-1} 渗透和碱集料反应作用下纳米混凝土的耐久性[J]. 哈尔滨工业大学学报, 2019(2): 166-171.

[26] 关占伟. 钢纤维在混凝土结构中的增强与抗裂作用研究[D]. 南京: 河海大学, 2006.

[27] 黄承逵. 纤维混凝土结构[M]. 北京: 机械工业出版社, 2004.

[28] 吴中伟. 混凝土砂浆纤维水泥石的中心质假说摘要[A]. 1961 年水泥学

术会议论文集[C],1961:132-139.

[29] 过镇海.混凝土的强度和变形 试验基础和本构关系[M].北京:清华大学出版社,1997.

[30] 汪鹏.纳米高性能混凝土断裂性能试验研究[D].郑州:郑州大学,2012.

[31] Juchem C D O, Leitune V C B, Collares, et al. On the shear behavior of engineered cementitious composites[J]. Advanced Cement Based Materials,1994,1(3):142-149.

[32] Jacobsen S,Marchand J,Boisvert L. Effect of cracking and healing on chloride transport in OPC concrete[J]. Cement and Concrete Research, 1996, 26: 869-881.

[33] Ahmaran M, Li V C. Durability properties of micro-cracked ECC containing high volumes fly ash[J]. Cement and Concrete Research, 2009, 39(11): 1033-1043.

[34] Nili M, Afroughsabet V. Combined effect of silica fume and steel fibers on the impact resistance and mechanical properties of concrete[J]. International Journal of Impact Engineering,2010,37(8):879-886.

[35] Naaman K A E. Corrosion of steel fiber reinforced concrete[J]. ACI Materials Journal, 2011, Vol. 87(NO. 1): 27-37.

[36] Barros J A O, Lúcio A. P. Lourenço, Soltanzadeh F, et al. Steel-fibre reinforced concrete for elements failing in bending and in shear[J]. Revue Française de Génie Civil,2014,18(1):33.

[37] Litvan G G. Frost action in cement in the presence of De-Icers[J]. Cement & Concrete Research,1976,6(3):351-356.

[38] 姚武.钢纤维高强混凝土的力学性能研究[J].新型建筑材料,1999(10):18-20.

[39] 张圣言.掺纳米 SiO_2 钢纤维混凝土力学性能试验研究[D].郑州:郑州大学,2010.

[40] 马恺泽,刘亮,刘超,等.高强混合钢纤维混凝土的力学性能[J].建筑材料学报,2017,20(2):261-265.

[41] 杨全兵.钢纤维对混凝土抗盐冻剥蚀性能的影响[J].建筑材料学报,

2004, 7(4)：375-378.

[42] 田倩.高性能水泥基复合材料抗冻性能的研究[J].混凝土与水泥制品，1997，2(1)：12-15.

[43] 吴晓斌，等.钢纤维陶粒混凝土碳化深度试验研究[J].混凝土，2009(9)：79-82.

[44] 牛荻涛.钢纤维混凝土抗冻性能试验研究[J].土木建筑与环境工程，2012, 34(4)：80-84.

[45] 孙家瑛.纤维混凝土抗冻性能研究[J].建筑材料学报，2013, 16(3)：437-440.

[46] 王立成，江培情，梁永钦.钢纤维混凝土双轴受压动态力学性能试验研究[J/OL].建筑材料学报，http://www.cnki.net/kcms/detail/31.1764.TU.20160523.1641.030.html.

[47] 朱海堂.碳化环境下钢纤维混凝土基本性能试验研究[J].郑州大学学报(工学版)，2005, 26(1)：5-8.

[48] 焦楚杰，等.钢纤维混凝土抗冲击试验研究[J].中山大学学报(自然科学版)，2005, 44(6)：41-44.

[49] 陈相宇.纤维混凝土抗冲击性能的试验研究[D].大连：大连理工大学，2010.

[50] 潘慧敏，马云朝.钢纤维混凝土抗冲击性能及其阻裂增韧机理[J].建筑材料学报，2017, 20(6)：956-961.

[51] 白敏，牛荻涛，姜桂秀，等.钢纤维掺量对混凝土氯离子渗透性能的影响研究[J].混凝土与水泥制品，2015(11)：49-52.

[52] 蒋金洋，孙伟，王晶，等.弯曲疲劳载荷作用下的钢纤维混凝土抗氯离子扩散性能研究[A].第十二届全国纤维混凝土学术会议[C]，2008：223-227.

[53] 姜磊.钢纤维混凝土抗冻融性能试验研究[D].西安：西安建筑科技大学，2010.

[54] 程红强，高丹盈，朱海堂.钢纤维混凝土抗冻耐久性能试验研究[A].第十二届全国纤维混凝土学术会议[C]，2008：227-229.

[55] 沈俊飞.高性能钢纤维增强混凝土力学性能研究[D].武汉：武汉科技大学，2018.

[56] 中华人民共和国国家质量监督检验检疫总局. 通用硅酸盐水泥: GB 175—2007[S].

[57] 中华人民共和国国家质量监督检验检疫总局. 混凝土外加剂: GB 8076—2008[S].

[58] 中华人民共和国住房和城乡建设部. 普通混凝土配合比设计规程: JGJ 55—2011[S]. 2011.

[59] 中华人民共和国住房和城乡建设部. 钢纤维混凝土: JG/T 472—2015 [S]. 2015.

[60] 董健苗, 马铭彬. 分散方法对纳米 SiO_2 增强水泥基材料性能的影响 [J]. 混凝土, 2011(4): 95-96.

[61] 姚先学. 浅析混凝土的和易性对混凝土表面质量的影响[J]. 铁道建筑技术, 2003(4): 54-56.

[62] LIU Sifeng, ZHANG Lin etc. C30 高性能混凝土早龄期收缩影响规律研究[J/OL]. 建筑材料学报, http://www.cnki.net/kcms/detail/31.1764.TU.20151218.1330.022.html.

[63] 谢帮华. 纳米混凝土试验与应用模拟分析[D]. 南昌: 南昌大学, 2007.

[64] 中华人民共和国行业标准. 公路工程水泥及水泥混凝土试验规程: JTG E30—2005[S]. 北京: 人民交通出版社, 2005.

[65] 郭保林. 掺纳米二氧化硅高性能混凝土性能试验研究[D]. 大连: 大连理工大学, 2005.

[66] 王修春, 韩涛, 邵红才. 钢纤维高强混凝土力学性能试验研究[J]. 山西建筑, 2007(8): 173-174.

[67] Bader M G, Ellis R M. The effect of notches and specimen geometry on the pendulum impact strength of uniaxial cfrp[J]. Composites, 1974, 5(6): 253-258.

[68] 宋闻辉. 钢纤维轻集料混凝土抗渗和抗冻性能试验研究[D]. 郑州: 华北水利水电大学, 2014.

[69] 贺东青, 卢哲安, 任志刚. 层布式混杂纤维混凝土抗冻融耐久性的研究[J]. 混凝土, 2006, 18(12): 33-36.

[70] 林宇栋. 纤维对混凝土韧性与抗渗性能的影响[D]. 大连: 大连理工大学, 2013.

[71] 金伟良,赵羽匀. 混凝土结构耐久性[M]. 北京:科学出版社,2002.

[72] 申力涛. 路面混凝土盐冻破坏机理与防治研究[D]. 邯郸:河北工程大学,2011.

[73] 章四明. 钢纤维掺量对钢纤维混凝土强度的影响[J]. 建筑科学, 2008,3(3):36-38.

[74] 朱昀喆. 纳米改性混凝土的抗盐冻性能及其改性机理研究[D]. 哈尔滨:哈尔滨工业大学,2015.

[75] 郑山锁,宋哲盟,等. 冻融循环对再生混凝土砖砌体抗压性能的影响 [J]. 建筑材料学报,2015,19(1):131-136.

[76] 陈瑜. 水泥混凝土早期抗裂性能的研究现状[J]. 建筑材料学报, 2004,7(4):411-417.

[77] 焦耐淇. 喷射钢纤维混凝土耐久性试验研究[D]. 西安:西安建筑科技大学,2012.

[78] 邓宗才. 钢纤维混凝土疲劳断裂与损伤特性的试验研究[J]. 土木工程学报,2003,36(2):20-25.

[79] 王宏伟. 纤维增强混凝土耐久性试验研究[D]. 沈阳:东北大学, 2009.

[80] Salah A A,David A L. Creep shrink age and cracking of restrained concrete at early age[J], ACI Materials Journal, 2001,98(4):323-331.

[81] 张佚伦. 聚丙烯纤维混凝土早期收缩与抗裂性能试验研究[D]. 杭州:浙江大学, 2006.

[82] Wu Yao, Jie Li. Mechanical properties of hybrid fiber-reinforced concrete at low fiber volume fraction[J]. Cement and Concrete Research, 2003(33): 27-30.

[83] Tan K H, Mithun K S. Ten-year study on steel fiber reinforced concrete basms under sustainde loads[J]. ACI Structural Journal, 2005(3):472-480.

[84] 富文权,韩素芳. 混凝土工程裂缝分析与控制[M]. 北京:中国铁路出版社,2000,96-102.

[85] 中华人民共和国国家标准. 普通混凝土长期性能和耐久性能试验方法标准:GB/T 50082—2009[S].

[86] 桂海清. 混凝土早期收缩与抗裂性能试验研究[D]. 杭州:浙江大学, 2004.

[87] 殷文. 混凝土碳化收缩及其机理分析[J]. 工程质量, 2014, 32(8): 31-35.

[88] 李固华, 高波. 纳米微粉 SiO_2 和 $CaCO_3$ 对混凝土性能影响[J]. 铁道学报, 2006,28(1):131-136.

[89] 黄琼念, 覃峰, 等. 剑麻纤维水泥混凝土复合材料性能试验的研究[J]. 广西大学学报,2008, 33(1): 27-30.

[90] 夏杰. 纤维混凝土抗裂性能试验研究及分析[D]. 南京:南京理工大学, 2013.

[91] Oh B H, Cha S W, Jang B S, et al. Development of high-performance concrete having high resistance to chloride penetration[J]. Nuclear Engineering & Design,2002,212(1):221-231.

[92] Hooton R D. Issues related to recent developments in service life specifications for concrete structures[J]. Materials & Structures,1997:388-397.

[93] Xinyung L. Application of the Nernst-Einstein equation to concrete[J]. Cement & Concrete Research,1997,27(2):293-302.

[94] 吴中伟,廉慧珍. 高性能混凝土[M]. 北京:中国铁道出版社,2013.

[95] Mehta P K,G O E. Properties of portland cement concrete containing fly ash and condensed silica-fume[J]. Cement & Concrete Research,1982,12(5): 587-595.

[96] 袁连旺. 纳米 SiO_2 改性混凝土的抗氯离子渗透和抗冻性能研究[D]. 济南:济南大学,2017.

[97] 范佳. 混凝土枕抗冲击特性的研究[J]. 铁道学报,2000,22(4): 84-88.

[98] 中华人民共和国国家标准. 纤维混凝土试验方法标准:CECS 13—2009 [S]. 2009.

[99] Zineddin M,Krauthammer T. Dynamic response and behavior of reinforced concrete slabs under impact loading[J]. International Journal of Impact Engineering,2007,34(9):1517-1534.

[100] Zhang X X,Ruiz G,Yu R C,et al. Fracture behaviour of high-strength concrete at a wide range of loading rates[J]. International Journal of

Impact Engineering,2009,36(10-11):1204-1209.

[101] 卢芳云,陈荣,林玉亮,等.霍普金森杆实验技术[M].北京:科学出版社,2013.

[102] 赵亮平.高温中纤维纳米混凝土力学性能及其计算方法[D].郑州:郑州大学,2017.